U0208482

水外交理论与实践：

基于中国与湄公河国家水互动的实证分析

张励　著

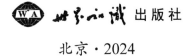

世界知识出版社

北京·2024

图书在版编目（CIP）数据

水外交理论与实践：基于中国与湄公河国家水互动
的实证分析 / 张励著. -- 北京：世界知识出版社，
2024. 12. -- ISBN 978-7-5012-6466-7

Ⅰ. TV213.4

中国国家版本馆CIP数据核字第2024MD7411号

责任编辑	余　岚　刘　喆
责任出版	赵　玥
责任校对	张　琨
封面设计	张　维

书　　名	水外交理论与实践：基于中国与湄公河国家水互动的实证分析 Shuiwaijiao Lilun yu Shijian: Jiyu Zhongguo yu Meigonghe Guojia Shuihudong de Shizheng Fenxi
作　　者	张　励
出版发行	世界知识出版社
地址邮编	北京市东城区干面胡同51号（100010）
网　　址	www.ishizhi.cn
电　　话	010-65233645（市场部）
经　　销	新华书店
印　　刷	北京虎彩文化传播有限公司
开本印张	710毫米×1000毫米　1/16　15印张
字　　数	220千字
版次印次	2024年12月第一版　2024年12月第一次印刷
标准书号	ISBN 978-7-5012-6466-7
定　　价	85.00元

献给我的外公和外婆

本书的撰写和出版得到上海市哲学社会科学规划项目、复旦大学人文社会科学先锋计划、复旦大学亚洲研究中心项目、云南大学一流大学建设周边外交理论创新高地项目的资助。

目　录

序　言

近几十年来，水资源成为国际关系风云变幻中无法规避的议题。由水资源所引发的政治、安全、经济、文化、生态等方面的冲突正深刻影响着全球格局的转变，地区秩序的构建以及国家战略利益的发展。在此背景下，水外交呼之欲出。2011 年，联合国正式呼吁推进水外交。湄公河流域作为全球四大水资源冲突热点地区之一和中国周边互信基础最好的区域之一，是中国水外交理论研究的最佳实践对象。以其为基础进行的水外交研究对中国深耕周边与构建澜湄国家命运共同体具有重大的现实意义。而水外交作为一门刚刚兴起的理论以及湄公河水资源冲突较敏感且涉及多学科的现实情况，决定了该主题的研究将面临重大挑战。值得欣喜的是，张励博士在其研究过程中凭着对水外交理论的敏锐学术直觉与对湄公河议题不畏艰难的深入探索，取得了丰硕成果。

作为目前国内关于水外交理论与实践的首部学术专著及国际学界相关议题为数不多的专著之一，本书从国际关系视角出发，对水外交的理论构建、中国与湄公河国家的跨界水资源合作以及中国水外交的推进策略与发展趋势等进行了全面细致的探索与论述。

第一，全面系统地构建了水外交理论。自 2011 年联合国呼吁推进水外交以来，各国对于水外交的研究主要停留在两个层面。一是对于水外交理论的探索大多着眼于技术层面。目前，国内外较为完整的对水外交理论进行全面构建的论著多从自然科学的视角进行研究，具有非常重要的学术价值。但不可忽视的是，水外交的属性与水冲突的本质更多开始超越自然属性与资源争端，迈向政治安全冲突。因此，本书从国际关系角度，对水外交的概念、核心、基本属性、功能作用、绩效评估体系进行全方位清晰的界定与构建，具有重大的创新价值和学术意义。二是水外交理论研究大多关注案例并与以往的水政治保持密切的关系。水冲突的案例尤其是典型案例有助于水外交理论的全面构建，但此类研究过度关注案例本身而并未对水外交理论进行进一步提炼与归纳，未与以前的水政治等议题进行严格区分。本书较好地把握了理论与实践的互动关系，用理论联系实践，又从实践中提炼理论。同时，作者对水外交、水政治、水管理等相近概念进行了明确的区分，这对水外交理论的构建起到了积极的作用。

第二，从时间维度和领域维度全面把握了中国与湄公河国家水合作的动态与新形势。自20世纪80年代至今的几十年中，中国与湄公河国家的水互动的涵盖领域纷繁复杂，变化迅速，突发事件较多，涉及诸多域内外行为体。因此，要全方位、系统地对中国与湄公河水资源议题进行细致、深入、全面的探索实属不易。本书从时间维度上完整地覆盖了自20世纪80年代至今的中国与湄公河国家水互动的全过程，这是对水合作特点提炼的关键，更是从历史视角、历史经验对未来中国与湄公河国家水外交实施与水资源深度合作进行判断的重要依据。

第三，开始探索中国水外交的独特模式。本书从全球视角创建普遍意义的水外交理论的同时，也从中国与湄公河国家几十年的水互动的历史发展与现实新态势中，探索和总结中国水外交的独特模式，并对中国水外交在湄公河跨界水资源合作中的模式（包括推进主体、推进渠道、针对领域、实施可持续性、完善合作内容功能）进行了细致的分析。这也为作者提出中国水外交的升级路径，乃至未来中国水外交在全球水外交学术与政策层面的对话和话语权把握提供了坚实的基础。

本书作者张励博士是一位严谨认真、积极向上，并具有强烈学术与现实使命感的青年学者。无论是其在云南大学、香港中文大学等高校求学之时，还是在美国威斯康星大学麦迪逊分校联合培养期间都表现优异。求学期间，他发表了中英文论文十余篇，主持和参与总计二十余项国家级、省部级课题，多次获得国家级奖学金、宝钢奖学金以及省级荣誉称号等。此后，他在工作第一年便获得了 2018 年度国家社会科学基金青年项目"澜湄国家命运共同体构建视域下的水冲突新态势与中国方略研究"。他在复旦大学国际关系与公共事务学院进行博士后研究阶段，又获得了第一届上海市"超级博士后"激励计划项目、中国博士后科学基金特别资助项目、中国博士后科学基金面上资助项目，并获得复旦大学 2019 年度"优秀博士后"称号。本书是在其题为《水外交：中国与湄公河国家跨界水资源的合作与冲突》的博士论文基础上修订而成。在本书出版之际，作为他的硕士与博士指导老师，我相信并祝福张励博士能在未来继续保持对学术与现实的强烈使命感，继续保持严谨专注、不畏艰险、勇于挑战的精神，在今后的学术与生活中再接再厉，不断取得新的、更好的成绩。

卢光盛

2019 年 4 月于云南大学映秋院

前　言

世界银行分管环境与社会可持续发展的前副行长伊斯梅尔·萨拉杰丁（Ismail Serageldin）曾指出："如果说本世纪（20世纪）的许多战争由石油引发，那么下个世纪（21世纪），水将成为引起战争的根源。除非我们改变管理此珍贵资源的方式。"随着气候变化、国家间对于跨界水资源利用需求的增加，跨界水资源问题已远远超出技术探讨范畴，愈加政治化与安全化，并成为国际社会必须解决的最为急迫、复杂和有争议的问题之一。但水外交实践所面临的旧隐患与新风险却早已超出自然水权争夺的范畴，开始牵动地区伙伴关系建设、安全格局、经济发展、文明交流、生态保护等议题。因此，联合国以及世界许多国家（包括中国在内）开始积极倡导与研究水外交并用其来解决国家间跨界水资源合作与冲突问题。水外交作为一门新兴的理论开始逐步兴起。

湄公河地区是全球四大水资源冲突热点地区之一，也是中国倡导的构建人类命运共同体的具体实践地区。随着中国与湄公河国家地区关系发展的深入，湄公河跨界水资源问题成为其中的重大影响因素，并深刻影响着跨界水资源合作水平的深入、地区关系的提升、中国西南周边的安全以及中国在东南亚的战略布局与地区秩序构建。中国亟须通过水外交来化解与湄公河国家的跨界水资源问题，降低开发成本，减少水投资风险，并防止跨界水资源问题成为湄公河地区的战略溃口。

本书的研究思路与主要内容是：第一，构建水外交的基础理论与分析框架，研究水外交的定义、核心、基本属性、合法性、功能与绩效评价体系等内容，并提出水外交是一国政府或政府间国际组织为确保跨界水资源开发需求或水地缘战略利益，通过传统方式和技术方式与另一（多）国或政府间国际组织所展开的一种灵活多变的活动。第二，以中国与湄公河国家间的跨界水资源发展为案例，分析中国水外交在其中的行动内容与合作模式。第三，评估中国水外交在跨界水资源开发、水经贸关系发展、水竞争应对、水舆情调控、外交战略辅助、地缘秩序建设上的绩效。第四，提出中国水外交理论体系的具体升级路径与中国水外交在湄公河跨界水资源合作中的推进策略，并展望中国水外交的未来发展趋势。

各章主题与要点如下：第一章为"水外交的基础理论"。本章主要构建水外交理论与分析框架。第一节简要辨析与水外交相近的水政治、水管理、水合作、蓝色外交、河流外交、液体外交等概念，厘清上述概念与水外交的不同之处，并把握水外交的研究角度与研究思路。第二节在对水外交英文用词选择进行探讨的基础上，重点分析水外交的源流脉络、定义、核心、属性、合法性等内容，并为剖析具体的跨界水资源合作与冲突案例提供理论支持和分析框架。第三节主要探讨水外交在跨界水资源开发、水经贸关系发展、水竞争应对、水舆情调控、外交战略辅助、地缘秩序建设的具体功能及对应的绩效评估体系。

第二章为"水外交视角下中国与湄公河国家的跨界水资源合作"。本章从水外交的视角切入，分析中国与湄公河国家的跨界水资源合作。第一节简要分析跨界水资源的概念、特点与重要性，重点探讨湄公河自然地理情况，分析湄公河的发源与水资源的分布特点并研究其相关数据。这些数据是湄公河跨界水资源合作的基础，也是水外交实施需要关注的重要内容。第二节主要探讨中国与湄公河国家在水利设施建设、航运经济与安全功能开发、信息与技术合作、区域内水资源管理四个方面的跨界水资源合作内容。第三节主要分析中国在与湄公河国家跨界水资源合作上特有的水外交行动模式，探讨其实施特点。

第三章为"中国水外交在湄公河水互动中的绩效评估"。本章主要分析中国水外交在湄公河跨界水互动中的实施绩效。第一节在提出跨界水资源开发权利维护绩效评估标准的基础上，指出中国水外交保证了中国流域段内大多数水利项目的开发，同时也基本确保了在非我流域段内跨界水资源项目的开展。第二节在对水经贸关系发展绩效评估标准分析的基础上，指出中国水外交为中国流域内的水项目开展提供了保证，并有效促进了自身与流域内其他国家的水经济关系的提升，同时也促进了区域经济关系的融合。第三节在对水竞争应对绩效评估标准做简要探讨的基础上，指出中国水外交已逐步化解中国与湄公河委员会（Mekong River Commission，简称"湄委会"）的心理间隙并加强相互合作，同时也有效应对了域外国家的水竞争。第四节在提出具体水舆情调控的绩效评估标准基础上，指出中国水外交在回应负面国际舆情上变得更为及时主动且应对负面舆情的角度也逐渐多样化。第五节在对外交战略辅助的绩效评估标准进行分析的基础上，指出尽管中国水外交促进了中国在湄公河地区的部分战略目标实现，帮助中国与湄公河国家建立起了水信任，并在制约部分湄公河国家非善意战略上发挥了作用，但目前在整体外交战略辅助上的作用仍旧有限。第六节在提出地缘秩序建设的绩效评估标准基础上，指出中国水外交推动了湄公河地区内的水秩序与地区秩序建设，但在促进水秩序持续化与地区秩序良性化发展方面还需要经受考验。

第四章为"中国水外交的升级路径、推进策略与发展趋势"。本章主要探讨中国水外交理论体系的升级路径与在湄公河地区的具体推进策略，并指出中国水外交的未来发展趋势。第一节主要从目标定位、实施主体、实施对象、指向领域、实施原则等五个方面着手，探讨中国水外交理论体系的具体升级路径。第二节指出中国在水外交执行过程中，如果就某类问题形成具体的推进策略，将过于细碎，也很难区分，且不利于湄公河流域内水问题的整体解决与水合作水平的提高。因此，中国水外交应整体从加强互信建设，构建区域水资源管理平台，完善水资源合作内容，协调与域内相关合作机制的关系，处理与域外行为体的竞合关系，加强"走出去"企业社会责任，重视水舆论宣传与管理，设立和增强研究中国水外交的智库等方面全面推进。第三节主要指出中国水外交未来发展可能出现的趋势，具体为水外交的功能使用从单一转为复合、水外交的实施持续性延长、水外交之间的互动增多、水外交处理的对象实质发生变化、水外交在周边外交中的作用发挥和水外交理论的系统升级。

绪　论

一、选题由来

"如果说本世纪（20 世纪）的许多战争由石油引发，那么下个世纪（21世纪），水将成为引起战争的根源。"[①] 在全球水资源日渐匮乏以及对水需求日益抬升的背景下，国家间在跨界水资源开发的力度与强度上已远远超出以往的水平，并逐步造成沿岸国家"水合作"分歧不断、"水权"争夺日趋激烈的局面。

因此，水外交作为解决跨界水资源冲突、保证国家水权力的有效方式，已成为当今国际关系和区域合作的研究热点之一。联合国于 2011 年呼吁推进"水外交"政策。[②] 一些国家和国际组织对水外交也进行了深入研究，认为水外交是影响未来国家安全、人类安全、社区发展的重要因素。

湄公河地区（缅甸、老挝、泰国、柬埔寨、越南五国所在地区）是全球四大跨界水资源冲突热点区域之一[③]，也是实施水外交，提升跨界水资源合作的最佳案例研究与实践区。与此同时，该地区也是中国周边外交中必争、必保、必稳之地，是中国实现从地区大国向世界大国转变的"试验田"，

[①]　该观点由世界银行分管环境与社会可持续发展的前副行长伊斯梅尔·萨拉杰丁（Ismail Serageldin）提出，详见 Mary H. Cooper, "Global Water Shortages: Will the Earth Run Out of Freshwater?" *Congressional Quarterly Researcher* 5, no.47 (1995): 1115。

[②]　《联合国呼吁推进"水外交"政策》，福布斯中文网，2011 年 3 月 25 日，http://www.forbeschina.com/review/201103/0008356.shtml，访问日期：2016 年 12 月 1 日。

[③]　Benjamin Pohl et al., "The Rise of Hydro-Diplomacy: Strengthening Foreign Policy for Transboundary Waters" (Berlin, Adelph, 2014), p.8.

是周边国家能否接受中国和平崛起的重要试金石，更是构建人类命运共同体、高质量共建"一带一路"与建设澜沧江—湄公河合作机制（以下简称"澜湄合作机制"）的重点区域之一。近年来，中国与湄公河国家（缅甸、老挝、泰国、柬埔寨、越南）的跨界水合作领域日益增多，深度也逐步增加，双方在水资源开发、平台建设、航道安全、水信息分享等方面取得了全面进展，特别是2016年启动的澜湄合作机制把水资源合作列为五大优先领域之一，2017年中国成立澜湄水资源合作中心，以及2018年在中国召开"首届澜湄水资源合作论坛"等重大进步举措。但是，双方在跨界水资源开发上也同时存在一些问题。例如，一些湄公河国家对中国"湄公河水权"把控的顾忌、流域干旱问题上的责难、参与航道安全管理意图的猜疑、是否加入湄公河委员会的争议、境内水电站开发引起的下游环境生态和粮食安全的担忧，以及对中国试图用湄公河影响南海问题的"河海战略"的猜测等。此外，部分湄公河国家、域外大国、域外组织、非政府组织、国际媒体以此为话题对中国的频频指责和施压也成为影响中国正常水利开发、湄公河地区秩序建设的极大障碍。因此，从中国水利建设需求、航道安全保障、澜湄合作机制下水合作的推进角度出发，考虑到中国作为大国又身处水冲突严重地区的现实，构建并完善自身的水外交理论以及处理好湄公河跨界水资源冲突势在必行。

本书在构建水外交理论的基础上，用该理论分析中国与湄公河国家在湄公河水互动中的具体内容。同时，探析水互动背后的规律与特点，总结中国水外交在其中的运用模式与绩效，最终提出中国水外交系统的升级路径与促进湄公河跨界水资源合作的推进策略，以保障中国应有的"水权利"，确保澜湄合作机制的稳步推进，并构建起中国与湄公河国家的澜湄国家命运共同体。

二、研究意义

（一）理论意义

1. 构建与深化水外交理论，并增加中国对湄公河国家水外交实践的案例。尽管国际组织、相关国家以及研究机构已经开始研究水外交，但是到目前为止，对水外交到底是什么、具有什么特点、如何展开，学界并没有进行全面、系统的理论探讨。现有的大多数研究成果主要集中探讨了因水外交缺失所引起的水问题与具体对策，缺少对水外交理论构建的关注与探索。另外，截至 2019 年，在水外交案例选择与分析上，学界对中国如何运用水外交处理与湄公河国家跨界水资源合作与冲突的讨论并不多。同时，学界也很少就中国水外交问题的发生、根源、特性等进行分析。本书认为，对水外交理论研究的缺失与不足将可能对具体对策的提出及实践带来不可逆的负面影响。因此，以中国对湄公河国家水外交实践为案例来构建与深化水外交理论，增加中国水外交的理论深度，探索中国水外交的实施路径具有重要意义。

2. 构建"水资源高冲突地域"的跨界水资源合作的借鉴模式与水冲突解决的参考模型。湄公河地区是全球水资源冲突最严重的四大地区之一。因此，通过水外交来解决湄公河地区的水资源合作与水资源冲突问题有助于中国摸索出一套解决水资源争端、加深水资源合作的参考模型和借鉴模式，并借此分析和解决与南亚、中亚、东北亚等地区的跨界水资源合作与冲突问题。同时，其他国家（尤其是处于水资源高冲突地域的国家）也可借鉴此模式与模型，为其周边跨界水资源问题的解决与水外交的实施提供思路。

3. 提供中国周边外交理论与实践的新思路。湄公河地区是中国周边外交的重要实施地区，也是与中国外交基础较好的地区，而水资源互动是中国与湄公河国家绕不开的重要议题。中国对湄公河国家水外交的实践研究，将有助于分析中国与缅甸、老挝、泰国、柬埔寨、越南在湄公河跨界水资源中的合作瓶颈、冲突根源、各自诉求等，最终为进一步发展亲诚惠容的周边外交理念，以及为中国周边外交中水议题的解决提供理论与实践启示。

（二）现实意义

1. 明确和解决湄公河跨界水资源合作问题，保障中国"湄公河水权"并促进澜湄国家命运共同体建设。通过水外交视角来探析中国与湄公河国家在水资源合作中的重大问题，以及中国以往的水外交应对模式，找出问题的根源与症结，将有助于促使中国与湄公河国家水合作水平的升级，保证中国正常开发湄公河的权利，促进澜湄合作机制下的水资源合作，并推动澜湄国家命运共同体建设。

2. 分析和评估湄公河国家、域外国家与组织、非政府组织的水开发合作诉求、利益与合作能力。湄公河国家、域外国家与组织、非政府组织的不同诉求和利益将直接影响中国与湄公河国家跨界水资源合作的广度，其合作能力也将左右双方水资源合作的深度。因此，分析湄公河国家、域外国家与组织以及非政府组织的立场、需求、目的、能力，将不仅有助于了解上述行为体的水行动初衷与模式，而且有助于帮助中国寻找与上述各方的利益交汇点，减少和消除相互的误解，加深双方的水信任，为提升水资源合作水平夯实基础。

3. 研判湄公河流域水资源开发投资风险，确保中国"走出去"水利企业的利益。湄公河跨界水资源合作中的一个重要参与行为体是水利企业，但其往往受两国或多国间的水利益冲突影响，并致使中国水利企业在湄公河地区的水资源投资项目面临不可预测性和极大的风险。因此，对湄公河流域水资源开发的合作历程与冲突问题的研判，有助于在湄公河地区进行投资的水利企业了解该地区的水资源情况，减少其在该地区的水利投资风险，为其投资决策提供一定的参考。

三、研究现状

（一）关于水外交理论与问题的研究

截至 2019 年，国内外学界对水外交的研究总体较少，现有的主要包括两个方面：第一，关于水外交理论体系与方法的研究。该领域的研究在 21 世纪兴起，主要探寻水外交的概念、特点、途径、方法等抽象问题。第二，关于具体水外交问题的研究。该领域的研究从 20 世纪 80 年代兴起，起初只是从外交角度分析和解读流域内的跨界水资源问题，追寻其根源与解决方式，后来研究范围逐渐扩大，并延伸到就某国具体水外交政策问题进行研究，或者用水外交理论解决具体的跨界水资源争端问题。总体而言，水外交理论是一门"年轻的理论"，其研究发展已经从萌芽阶段逐步过渡到发展阶段，由具体问题向理论升华，同时具有实践研究多于理论探索，国外研究多于国内研究的特点。

1. 关于水外交理论体系与方法的研究

（1）国外学界关于水外交理论体系与方法的研究

沙菲克·伊斯兰（Shafiqul Islam）是在水外交理论研究领域著作相对较多的一位学者，他和劳伦斯·苏斯金德（Lawrence E. Susskind）在《水外交：一种管理复杂水网络的协调方式》中对水外交的基本含义以及如何通过水外交来达到管理跨界水资源的目的进行了详细论述。① 劳伦斯·苏斯金德和沙菲克·伊斯兰在《水外交：在跨界水资源谈判中创造价值与建立信任》中指出，水谈判中的绝大多数困难来源于怎么对水进行分配的固有假设。当国家分享边界水域时，国家占有固定量的水资源分配的推测会经常面临持续的水需求增加与不确定的变量影响。而这些推测会导致零和博弈心态。但当参与者理解水是一个有弹性的资源并且通过妥善处理与构建机制等途径建立和加强信任，甚至连已经产生水资源冲突的国家都能达成满足它们国民水需求以及国家利益的协定，以色列—约旦和平条约就是其中一个最好的例子。② 沙菲克·伊斯兰和阿曼达·雷佩拉（Amanda C. Repella）在《水外交：一种管理复杂水问题的协调方式》中认为，水外交分析框架能诊断水问题，识别干涉点，并针对不同观点、不确定性以及日益改变与竞争的需求等提供可持续的解决方案。同时，他们就水外交的分析框架、理论与实践的联系进行了探讨，并分析了其他学者对水外交框架的研究。③ 沙菲克·伊斯兰与卡韦赫·迈达尼（Kaveh Madani）主编的《实施中的水外交：

---

① Shafiqul Islam and Lawrence E. Susskind, *Water Diplomacy: A Negotiated Approach to Managing Complex Water Networks* (New York: RFF Press, 2013).

② Lawrence E. Susskind and Shafiqul Islam, "Water Diplomacy: Creating Value and Building Trust in Transboundary Water Negotiations," *Science & Diplomacy* 1, no. 3 (2012):1-7.

③ Shafiqul Islam and Amanda C. Repella, "Water Diplomacy: A Negotiated Approach to Manage Complex Water Problems," *Journal of Contemporary Water Research & Education* 155, no. 1 (2015):1-10.

管理复杂水问题的权变方式》探讨了水问题中复杂性和偶尔性的根源以及用以解决复杂水问题的工具、技巧、模式，并对印度河与约旦河流域条约、以色列与巴勒斯坦水冲突、尼罗河流域的冲突与水外交、加利福尼亚三角洲冲突等具体案例进行了分析。①

其他国外学者也从不同角度对水外交理论体系与方法进行了讨论。图乌拉·洪科内纳（Tuula Honkonena）和安努卡·利波宁（Annukka Lipponen）在《芬兰在管理跨界水资源的合作和联合国欧洲经济委员会的〈有效联合机构原则〉：水外交的价值？》中认为，水外交可以广义地理解为国家之间和国家内部为防止或和平解决有关水资源获得、使用和分配冲突方面的措施。该概念本质上是预防性的并提供解决冲突的方法。同时，他们还根据《有效联合机构原则》分析芬兰的合作安排，并评估芬兰跨界水委员会在多大程度上实现了该原则规定的良好做法。此外，他们还从更广泛的角度审查了这些原则的要素及其实际实现情况，以便了解它们对水外交的促进作用。②

阿努拉克·基蒂克霍恩（Anoulak Kittikhoun）和丹尼斯·米歇尔·斯陶布利（Denise Michèle Staubli）在《湄公河的水外交和冲突管理：从竞争到合作》中提出了湄公河委员会水外交框架。湄公河委员会水外交框架在基于健全技术知识的基础上，通过相互关联的法律、制度与战略机制来解决复杂的水资源挑战与机遇。对于湄公河委员会和其他在水合作领域开展工作的机构来说，水外交与传统外交有所区别。因为水外交借助法律、制度、战略机制以及外交工作来更好地利用科学数据、评估和知识，并以此作为协商解决办法的基础。③

---

① Shafiqul Islam and Kaveh Madani (eds.), *Water Diplomacy in Action: Contingent Approaches to Managing Complex Water Problems* (London and New York: Anthem Press, 2017).

② Tuula Honkonena and Annukka Lipponen, "Finland's Cooperation in Managing Transboundary Waters and the UNECE Principles for Effective Joint Bodies: Value for Water Diplomacy?" *Journal of Hydrology* 567 (2018):320-331.

③ Anoulak Kittikhoun and Denise Michèle Staubli, "Water Diplomacy and Conflict Management in the Mekong: From Rivalries to Cooperation," *Journal of Hydrology* 567 (2018):654-667.

夏洛特·格雷-马丁（Charlotte Grech-Madin）、斯蒂芬·多林（Stefan Döring）、金京梅（Kyungmee Kim）和阿肖克·斯温（Ashok Swain）的《跨层次谈水资源：水外交的和平与冲突"工具箱"》从和平与冲突视角分析水外交，并提供了三种有效工具。他们同时指出：在水外交研究过程中，社会科学对水外交的学术见解相对缺乏，许多观点来源于自然科学；政府间的水谈判往往反映了"以国家为中心"的水外交与用水者的日常生活之间的脱节。①

娜塔莎·卡米（Natasha Carmi）、梅伊·阿尔萨耶（Mey Alsayegh）和梅松·祖比（Maysoon Zoubi）的《赋予妇女水外交权力：巴勒斯坦、黎巴嫩和约旦挑战的基本图谱》探讨了如何更好地使女性成为其国家水利部门的领导者、水外交官等，以有助于实现联合国可持续发展目标（Sustainable Development Goals，SDGs）。作者通过对在约旦、黎巴嫩、巴勒斯坦三国从事相关工作的女性专家进行调查和访谈来确定关键的问题、看法等，提出了一些有助于提升女性在水外交决策中影响力的建议。②

苏珊娜·施迈尔（Susanne Schmeier）和扎基·舒伯（Zaki Shubber）在《锚定水外交——国际流域组织的法律性质》中认为，水外交需要制度锚定。国际流域组织（River Basin Organizations）是沿岸国家外交努力的结果，这些国家旨在建立共享水体的合作框架，并提供相应的制度锚点。同时，作者在回顾了国际流域组织的一些关键法律和案例后指出，对这些问题的良好理解，对于支持成员国之间就成果法制的法律设计进行富有成效的讨论至关重要，并可以满足它们在水外交方面的特定需要。③

赞德沃特（M. Zandvoort）、范德威利斯特（M. J. van der Vlist）和范登布林克（A. van den Brink）的《通过规划方法的适应性处理不确定性：比

---

① Charlotte Grech-Madin et al., "Negotiating Water across Levels: A Peace and Conflict 'Toolbox' for Water Diplomacy," *Journal of Hydrology* 559 (2018):100-109.

② Natasha Carmi et al., "Empowering Women in Water Diplomacy: A Basic Mapping of the Challenges in Palestine, Lebanon and Jordan," *Journal of Hydrology* 569 (2019):330-346.

③ Susanne Schmeier and Zaki Shubber, "Anchoring Water Diplomacy—The Legal Nature of International River Basin Organizations," *Journal of Hydrology* 567 (2018):114-120.

较自适应增量管理和水外交框架》探讨了规划者和水资源管理者能否使用水外交框架（Water Diplomacy Framework）来适应具体规划和管理中的不确定性，将其与自适应增量管理（Adaptive Delta Management）方式相比较，并得出这两种方法都无法完全解决不同的不确定性的结论。①

帕特里克·亨特斯（Patrick Huntjens）、安田由美子（Yumiko Yasuda）、阿肖克·斯温、伦斯·德·曼（Rens de Man）、比约恩-奥利弗·马西格（Bjørn-Oliver Magsig）和沙菲克·伊斯兰的《多轨水外交框架：推进共享水资源合作的法律和政治经济分析》在水外交基础上提出了多轨水外交框架，并指出该框架包含几个有助于理解潜在水资源合作的关键组成部分：具体的行动情况，更广泛和具体的背景情况，涉及的正式和常规机构，以及这些如何影响行动者和机构的互动。此外，他们认为框架的每个组成部分都有详细的指标。②

劳拉·里德（Laura Read）和玛格丽特·加西亚（Margaret Garcia）在《水外交：来自跨学科研究生群体的视角》中指出，水管理挑战是多方面的，往往涉及水供应、质量、获取和公平等问题。人们日益认识到只受过传统学科专业训练的人员没有能力解决超越地理和学科界限的水资源等复杂问题。为了满足这一需求，已经形成了越来越多的跨学科博士课程，例如塔夫茨大学（Tufts University）的水外交综合研究生教育和研究培训（Integrative Graduate Education and Research Traineeship，IGERT）。两位作者从水外交的角度介绍了水外交综合研究生教育和研究培训学生对跨学科水教育带来的益处和可能面临的挑战，为水外交的学习和学科内容设置提供了启示。③

---

① M. Zandvoort, M. J. van der Vlist and A. van den Brink, "Handling Uncertainty through Adaptiveness in Planning Approaches: Comparing Adaptive Delta Management and the Water Diplomacy Framework," *Journal of Environmental Policy & Planning* 20, no.2 (2018):183-197.

② Patrick Huntjens et al., "The Multi-track Water Diplomacy Framework: A Legal and Political Economy Analysis for Advancing Cooperation over Shared Waters" (The Hague Institute for Global Justice, 2016).

③ Laura Read and Margaret Garcia, "Water Diplomacy: Perspectives from a Group of Interdisciplinary Graduate Students," *Journal of Contemporary Water Research and Education* 155, no.1 (2015):11-18.

马赫迪·扎哈米（Mahdi Zarghami）、纳西姆·萨法里（Nasim Safar）、费伦茨·斯齐达罗维斯基（Ferenc Szidarovszky）和沙菲克·伊斯兰的《结合合作博弈的非线性区间参数规划：运用水外交框架阐释水分配不确定性的工具》展示了新区间合作博弈理论作为一种有效的水外交工具，在解决不同水使用者（包括农业、工业和环境等部门）处理竞争与冲突问题时的效果，并以伊朗的札里内河流域（Zarrinehrud River Basin）为案例。①

查尔斯·范里斯（Charles van Rees）和迈克尔·里德（J. Michael Reed）的《鸭子视角下的水外交：野生动植物作为水资源管理的利益相关者》指出，把生态现象视为在水谈判中的"替代的利益相关者"将增加发现共赢方式的机会，并鼓励发展基于假设的方式来研究有关水资源管理的生态学。作者认为水外交框架的应用将使生态因素更好地整合到水管理中，并展示了其方法能在夏威夷欧胡岛上濒临灭绝的水鸟保护与可持续水资源管理之间创造协同效应。②

加内什·潘加雷（Ganesh Pangare）主编的《水外交：共享跨界水资源》是 2012 年 10 月在泰国清莱召开的有关水外交国际会议的论文集，该书的多位作者对水外交的概念和原则，水管理方式，水与能源、食物关系网等众多议题进行了简要的探讨。③

本杰明·波尔（Benjamin Pohl）等人的研究报告《水外交的崛起：加强跨界水资源外交政策》探讨了跨界水源的重要性，并提出：要在国家水利机构与外交部门进行能力建设，要具体关注水资源管理与冲突解决的关系；与用户建立双边和多边信任，例如提升共同风险评估与共有的水检测系统；

---

① Mahdi Zarghami et al., "Nonlinear Interval Parameter Programming Combined with Cooperative Games: A Tool for Addressing Uncertainty in Water Allocation Using Water Diplomacy Framework," *Water Resources Management* 29, no. 12 (2015):4285-4303.

② Charles van Rees and J. Michael Reed, "Water Diplomacy from a Duck's Perspective: Wildlife as Stakeholders in Water Management," *Journal of Contemporary Water Research & Education* 155, no. 1 (2015):28-42.

③ Ganesh Pangare (ed.), *Hydro-Diplomacy: Sharing Water across Borders* (New Delhi: Academic Foundation, 2014).

签订预防协定，提供完整的调查解决结果，保证数据与政策的透明性；增强现有的机构与法律文书以便提供早期预警和明晰的提前行动路径。①

保罗·威廉姆斯（Paul A. Williams）的《土耳其水外交：理论探讨》分析了跨界水资源关系中现实主义、自由主义与建构主义，并具体探讨了土耳其水外交中的建构主义。②

鲁宾·范·甘德伦（Ruben Van Genderen）和贾恩·鲁德（Jan Rood）的《水外交：对于荷兰是利基外交？》探讨了跨界水资源的冲突与管理、水外交的概念、水外交的网络，并分析了水外交作为利基外交的益处。③

玛格达·希夫尼（Magdy A. Hefny）的《水外交：在阿拉伯地区加强水和平与可持续性的工具》探讨了水外交的概念、特性，并以阿拉伯地区水危机为例进行了分析。④

乌苏拉·奥斯瓦尔德·斯普林（Úrsula Oswald Spring）的《水外交：在区域进程中的学习机遇》首先分析了人类、环境安全、冲突、风险、威胁、社会脆弱性与弹性的相关概念，创建了一套复杂水分析框架；接着回顾了墨西哥的危险与水文气象风险，以及这些因素与贫困和边缘化的关系；最后在有关美国和墨西哥水资源争端中提出完整的水外交战略，该战略在解决两国紧张关系的同时能避免暴力的发生。⑤

---

① Benjamin Pohl et al., "The Rise of Hydro-Diplomacy: Strengthening Foreign Policy for Transboundary Waters" (Berlin, Adelph, 2014).

② Paul A. Williams, "Turkey's Water Diplomacy: A Theoretical Discussion," in Annika Kramer et al., eds., *Turkey's Water Policy: National Frameworks and International Cooperation* (Berlin: Springer, 2011), pp.197-214.

③ Ruben Van Genderen and Jan Rood, "Water Diplomacy: A Niche for the Netherlands?" (Netherlands Institute of International Relations "Clingendael", Netherlands Ministry of Foreign Affairs and the Water Governance Center, 2011).

④ Magdy A. Hefny, "Water Diplomacy: A Tool for Enhancing Water Peace and Sustainability in the Arab Region," (paper represented at the Second Arab Water Forum Theme 3: "Sustainable and Fair Solutions for the Trans-boundary Rivers and Groundwater Aquifers", Cairo, November 2011).

⑤ Úrsula Oswald Spring, "Hydro-Diplomacy: Opportunities for Learning from an Interregional Process," in Clive Lipchin et al., eds., *Integrated Water Resources Management and Security in the Middle East* (Dordrecht: Springer, 2007), pp.163-200.

伯特伦·斯佩克特（Bertram Spector）在《促进水外交：寻找谈判的情境激励》中指出，近年来，学界一直在研究解释或预测由环境变化或环境压力所引发暴力冲突的因素，而较少考虑环境变化导致向合作和谈判方向发展的因素。他提出了导致水资源冲突和合作的环境、社会和经济指标类型，并在一定程度上对水外交领域进行了分析。[①]

此外，值得注意的是，联合国于 2011 年呼吁推进水外交政策。联合国训练研究所（United Nations Institute for Training and Research, UNITAR）专门开设"水外交入门"在线课程，并对水外交的理论进行了分析与探讨。

（2）国内学界关于水外交理论体系与方法的研究

张励在《水外交：中国与湄公河国家跨界水合作及战略布局》中对水外交理论进行了初步研究，就水外交的渊源、定义、核心、属性、实施主体、实施对象、实施途径进行了分析。他认为，"水外交包含'防守型'与'进攻型'两层含义：从防守含义来看，水外交是某一国家通过各种外交方式和举措来促进本国和其他国家间水合作项目的顺利开发与合作；从进攻含义来看，水外交是某一国制衡他国的特殊手段，即以水权利、水资源、水谈判等作为工具服务于国家对外的整体战略"。他同时将水外交定义为"一国政府为确保跨界水资源开发与合作中的利益，通过外交方式（涵盖技术和社会层面的举措）来解决跨界水合作问题的行为"[②]，并用该理论分析了中国与湄公河国家跨界水合作中的简仓效应、弱制度性和外在威胁等。

郭延军在《"一带一路"建设中的中国周边水外交》中认为，"水外交，广义上指的是国家以及相关行为体围绕水资源问题展开的涉外活动，狭义上指的是国家以及相关行为体围绕跨界水资源或国际河流水资源问题展开的涉外活动"[③]。

---

① Bertram Spector, "Motivating Water Diplomacy: Finding the Situational Incentives to Negotiate," *International Negotiation* 5, no.2 (2000):223-236.

② 张励：《水外交：中国与湄公河国家跨界水合作及战略布局》，《国际关系研究》2014 年第 4 期，第 25—36 页。

③ 郭延军：《"一带一路"建设中的中国周边水外交》，《亚太安全与海洋研究》2015 年第 2 期，第 81—93 页。

廖四辉等在《水外交的概念、内涵与作用》中分析了部分现有水外交研究成果，他们认为，从国际组织、国家和学者关于水外交的阐述来看，水外交可分为传统、常规、广义水外交三种定义，与"传统""常规""广义"外交相对应。传统水外交特指通过谈判、交易和合作等途径来解决跨界河流问题的方式。常规水外交是指以水合作、水谈判、水援助、水交换等作为手段以服务国家对外整体战略。广义水外交是以"水"为核心在政治、经济、技术、政策等方面的对外交流与合作，包括以"水"为手段服务外交目的，以及利用外交手段实现"水"领域国家利益，是领域外交的一种。①

水利部国际经济技术合作交流中心编著的《跨界水合作与发展》简要介绍了沙菲克·伊斯兰提出的水外交框架，该书同时指出，水外交和水利益共享是未来解决跨界水问题的有效方式和途径。②

张林若等在《水外交框架在解决跨界水争端中的应用》中指出，水外交框架下的利益共享原则、多目标磋商、利益相关者参与、第三方案等在解决具体的跨界水争端中发挥了重要作用。③

2. 关于具体水外交问题的研究

（1）国外学界关于具体水外交问题的研究

关于中国的具体水外交问题研究。法国民事防务高级委员会副主席、法国苏伊士环境集团安全事务副总裁弗兰克·加朗（Franck Galland）在《全球水资源危机和中国的"水资源外交"》中提出，有关国家已开始密切关注水资源匮乏问题及其可能带来的政治、军事影响。对于中国来说，水资源作为一种战略商品，不仅是其国内的热点问题，也是一个地区和国际问题，中国应该通过政治、经济途径推进崭新的、积极的"水资源外交"。④

---

① 廖四辉、郝钊、金海、吴浓娣、王建平：《水外交的概念、内涵与作用》，《边界与海洋研究》2017 年第 2 卷第 6 期，第 72—78 页。

② 水利部国际经济技术合作交流中心：《跨界水合作与发展》，社会科学文献出版社，2018，第 316—319 页。

③ 张林若、陈霁巍、谷丽雅、侯小虎：《水外交框架在解决跨界水争端中的应用》，《边界与海洋研究》2018 年第 3 卷第 5 期，第 115—128 页。

④ 弗兰克·加朗：《全球水资源危机和中国的"水资源外交"》，《和平与发展》2010 年第 3 期，第 66—68 页。

关于东南亚地区的具体水外交问题研究。阿努拉克·基蒂克霍恩（Anoulak Kittikhoun）和丹尼斯·米歇尔·斯陶布利在《湄公河的水外交和冲突管理：从竞争到合作》中提出，他们并不认同现有的关于湄公河委员会对湄公河的管理是失败的这一说法，并且认为这种说法对外界理解湄公河委员会的作用产生了误导。虽然流域内过去和现在的水资源开发给河流系统带来了风险和挑战，但这并没有普遍破坏沿岸国家的民生并导致冲突。湄公河委员会及其水外交框架是防止冲突和管理紧张态势以及支持最佳可持续发展的关键因素，它具有提供客观科学建议、法律、体制与战略机制的技术核心，并能形成解决复杂水资源及相关问题的协商解决方案。[1]阿毗采·顺金达（Apichai Sunchindah）的《澜沧江—湄公河流域的水外交：前景与挑战》通过分析湄公河流域的大湄公河次区域合作机制、湄公河委员会、东盟—湄公河地区开发合作（ASEAN-Mekong Basin Development Cooperation）等湄公河地区的主要合作框架，以及评估这些框架对于促进地区持久合作、共存、和平的可能性，最终评判澜沧江—湄公河流域是否能可持续、公平地发展，并提出该地区将面临的挑战。[2]

关于南亚地区的具体水外交问题研究。安田由美子、道格拉斯·希尔德（Douglas Hilld）、迪潘卡尔·艾伊奇（Dipankar Aichc）、帕特里克·亨特斯和阿肖克·斯温在《多轨水外交：布拉马普特拉河流域当前和未来潜在的合作》中运用多轨水外交来分析影响雅鲁藏布江流域多尺度跨界水合作的关键因素。多轨水外交强调要超越纯粹关注正式的法律规范，并考虑非正式合作过程的文化规范的可能性。随着地缘政治和经济趋势给流域的发展带来压力，如果不及时采取适当的措施，布拉马普特拉河可能面临发展不协调的风险。以民间社会为主导的水外交的出现可以使各个利益相关

---

① Anoulak Kittikhoun and Denise Michèle Staubli, "Water Diplomacy and Conflict Management in the Mekong: From Rivalries to Cooperation," *Journal of Hydrology* 567 (2018):654-667.

② Apichai Sunchindah, "Water Diplomacy in the Lancang-Mekong River Basin: Prospects and Challenges" (paper represented at the Workshop on the Growing Integration of Greater Mekong Sub-regional ASEAN States in Asian Region, Yangon, Myanmar, September 2005), pp.20-21.

方关系更为亲密。[1]阿纳米卡·巴鲁阿（Anamika Barua）的《水外交作为南亚区域合作的一种方式：以布拉马普特拉河流域为例》中，运用水外交来分析布拉马普特拉河跨界水资源合作中存在的一系列问题，具体包括固有的上下游国家间问题、信任缺失、敌对气氛、信息与权利不对称，以及缺乏区域原则或框架等。在没有信任的情况下就流域范围的合作条约进行谈判对布拉马普特拉河流域来说是不可取的，因为它可能导致不对称的合作，埋下未来冲突的隐患。为避免这种不对称的合作，需要开展信息丰富的多边非正式对话，制定公认的合作定义，以满足所有沿岸国家的需要。[2]佐勒菲卡尔·海尔波多（Zulfiqar Halepoto）在《水外交：在南亚的跨界冲突、谈判与合作》中探讨了南亚具体的水外交问题，例如，孟加拉国和印度的跨界水资源合作、恒河—布拉马普特拉河—梅克纳河流域的水外交案例、中国和印度的水竞争等。[3]努尔·伊斯兰·纳赞（Nurul Islam Nazem）和穆罕默德·哈马尤恩·卡比尔（Mohammad Humayun Kabir）在《印度与孟加拉国共有河流与水外交》中探讨了自 1971 年以来印度与孟加拉国的关系，包括旱季水流量增加，河流变小，以及双方的相关政策选择等议题。[4]瑟亚·萨贝迪（Surya Subedi）在《在南亚的水外交：马哈卡里河条约与恒河条约的结局》中分析了马哈卡里河条约与恒河条约，并认为两个条约的结果表明南亚的水外交开始步入了合作阶段而非对抗阶段。最好的证据就是一种新的务实方式被该地区的孟加拉国、印度和尼泊尔三国所接受。这两个条约不但切实有效，而且对于三国间的区域与次区域合作具有重要的象征意义。[5]

---

① Yumiko Yasuda et al., "Multi-track Water Diplomacy: Current and Potential Future Cooperation over the Brahmaputra River Basin," *Water International* 43, no.5 (2018):642-664.

② Anamika Barua, "Water Diplomacy as an Approach to Regional Cooperation in South Asia: A Case from the Brahmaputra Basin," *Journal of Hydrology* 567 (2018):60-70.

③ Zulfiqar Halepoto (ed.), *Water Diplomacy: Transboundary Conflict, Negotiation & Cooperation in South Asia* (Karachi: HANDS, 2016).

④ Nurul Islam Nazem and Mohammad Humayun Kabir, "Indo-Bangladeshi Common Rivers and Water Diplomacy" (Bangladesh Institute of International and Strategic Studies, 1986).

⑤ Surya Subedi, "Hydro-Diplomacy in South Asia: The Conclusion of the Mahakali and Ganges River Treaties," *American Journal of International Law* 93, no. 4 (1999):953-962.

关于西亚地区的具体水外交问题研究。艾瑟甘尔·基巴罗格卢（Aysegül Kibaroglu）在《土耳其水外交及其相对国际水法不断变化的立场分析》中通过审视土耳其的制度框架和基本原则来分析其跨界水政策，同时还探讨了土耳其投票反对联合国《国际水道非航行使用法公约》（Convention on the Law of the Non-Navigational Uses of International Watercourses） 的原因。他指出，土耳其水外交面临新的挑战，如长期干旱的破坏性影响，以及叙利亚和伊拉克间的持续不稳定和冲突。因此，土耳其必须根据该领域采用的全球规范，系统地调和其水政策目标。[①] 马尔瓦·多迪（Marwa Daoudy）的《水外交下的叙利亚与土耳其（1962—2003）》在考虑相关背景联系与水资源对于每个行为体重要性的同时，分析了叙利亚与土耳其的双边动因，并在合作与非合作的范畴下，通过叙利亚与土耳其的历史与政治互动视角来关注有关幼发拉底河流域水资源争议问题。[②]

关于中亚地区的具体水外交问题研究。扎伊丁·卡拉夫（Zainiddin Karaev）在《中亚的水外交》中探讨了哈萨克斯坦、吉尔吉斯斯坦、塔吉克斯坦和乌兹别克斯坦在中亚共同利用共水资源的争端与解决方式。[③]

关于非洲地区的具体水外交问题研究。印第安纳·明托库瓦（Indianna D. Minto-Coy）在《水外交：探索和调动水资源发展的有效双边伙伴关系》中探讨了南非与莱索托在勘探和疏通水源中如何借助水外交来合理、科学、可持续地共同发展跨界水资源合作。[④]

[①] Aysegül Kibaroglu, "An Analysis of Turkey's Water Diplomacy and Its Evolving Position vis-à-vis International Water Law," *Water International* 40, no. 1 (2015):153-167.

[②] Marwa Daoudy, "Syria and Turkey in Water Diplomacy (1962–2003)," in Fathi Zereini and Wolfgang Jaeschke, eds., *Water in the Middle East and in North Africa: Resources, Protection and Management* (Berlin: Springer, 2004), pp.319-332.

[③] Zainiddin Karaev, "Water Diplomacy in Central Asia," *Middle East Review of International Affairs* 9, no. 1 (2005):63-69.

[④] Indianna D. Minto-Coy, "Water Diplomacy: Effecting Bilateral Partnerships for the Exploration and Mobilization of Water for Development," in UNESCO,ed., *Integrated Water Resources Management and the Challenges of Sustainable Development: IHP-VII Series on Groundwater No.4* (Paris: UNESCO, 2012), pp.473-480.

关于北美地区的具体水外交问题研究。丹尼尔·麦克法兰（Daniel Macfarlane）在《流域决策：圣劳伦斯海道和次国家水外交》中指出，海道外交（Seaway Diplomacy）为探索次国家行为体在加拿大与美国水外交中的作用提供了理想的案例研究。此案例表明，次国家行为体在北美跨界自然资源关系中所发挥的形成作用远远早于人们的普遍认识。在自然资源分配与保护条件下，圣劳伦斯水外交（St. Lawrence Water Diplomacy）深刻地塑造了随后北美环境与能源相互作用和协议的跨界模式，并是大陆次国家环境外交的一个行事过程。尽管圣劳伦斯谈判的特点主要是自然资源外交（Natural Resource Diplomacy），但它们仍然是向环境外交（Environmental Diplomacy）时代过渡的一种类型。[①]

关于全球范围内的具体水外交问题研究。内奥米·莱特（Naomi Leight）的《（南加州大学）公共外交中心有关公共外交的观点：水外交中的案例》对水外交进行了简要概括，主要探讨了全球范围内部分典型的水外交问题，如孟加拉国、匈牙利、索马里开展成功水外交的案例。该书同时探讨了在加纳、伊拉克、乌兹别克斯坦实施水外交的必要性。[②]

（2）国内学界关于具体水外交问题的研究

关于中国的水外交具体问题研究。张励与卢光盛在《"水外交"视角下的中国和下湄公河国家跨界水资源合作》中通过三个案例来探讨中国与湄公河国家的水外交问题，分别是：湄公河委员会的弱制度性与中国加入湄公河委员会之争，湄公河国家对跨界水资源合作中水流量、泥沙运输问题的担忧，区域外大国在湄公河跨界水资源开发中的介入对中国产生的负面影响。[③]郭延军在《"一带一路"建设中的中国周边水外交》中以中哈分水谈判和湄公河水资源治理为案例，对中国现有水外交政策进行了梳理和

---

① Daniel Macfarlane, "Watershed Decisions: the St. Lawrence Seaway and Sub-national Water Diplomacy," *Canadian Foreign Policy Journal* 21, no.3 (2015):212-223.

② Naomi Leight (ed.), *CPD Perspectives on Public Diplomacy: Cases in Water Diplomacy* (Los Angeles: Figueroa Press, 2013).

③ 张励、卢光盛：《"水外交"视角下的中国和下湄公河国家跨界水资源合作》，《东南亚研究》2015 年第 1 期，第 42—50 页。

评估，认为中国应当根据当前国际水外交的最新发展趋势，结合不同地区跨界水问题的现状和特点，实施差异化政策，从双边层面和区域层面不断调整和优化中国水外交。① 郭延军在《"一带一路"建设中的中国澜湄水外交》中以澜湄水资源为案例，提出中国调整和优化水外交的方向，为共建"一带一路"奠定坚实基础。② 张瑞金等在《"一带一路"背景下中国周边水外交战略思考》中简要提到了中亚、东南亚、南亚的水资源问题。③ 杨泽川等在《大数据时代下的中国水外交》中简要探讨了大数据思维模式在中国水外交领域应用的可能路径。④ 王建平等的《深入开展水外交合作的思考与对策》简要分析了中国水外交工作的形势与需求，借鉴国外水外交的经验，提出了中国开展水外交工作的总体思路和重点内容。⑤ 涂亦楠等在《基于"水外交"视角浅论我国与湄公河流域国家的盐差能开发与合作》中指出，在湄公河流域水外交中，发展盐差能可以平息争议，帮助中国争取水外交的主动权和掌控权，中国可为区域提供公共产品、扶持区域各国增强能源自给能力。⑥ 肖阳在《中国水资源与周边"水外交"——基于国际政治资源的视角》中指出，科技资源、制度资源、组织资源和观念资源等软性国际政治资源已经发挥了不同程度的功能和作用，未来中国应进一步加大对相关软性国际政治资源的开发和利用力度，从而为周边水外交提供更多选择。⑦

---

① 郭延军：《"一带一路"建设中的中国周边水外交》，《亚太安全与海洋研究》2015 年第 2 期，第 81—93 页。

② 郭延军：《"一带一路"建设中的中国澜湄水外交》，《中国—东盟研究》2017 年第 2 期，第 57—67 页。

③ 张瑞金、张欣、樊彦芳、杨泽川：《"一带一路"背景下中国周边水外交战略思考》，《边界与海洋研究》2017 年第 2 卷第 6 期，第 14—23 页。

④ 杨泽川、匡洋、于兴军：《大数据时代下的中国水外交》，《水利发展研究》2017 年第 2 期，第 23—27 页、第 37 页。

⑤ 王建平、金海、吴浓娣、廖四辉、刘登伟、李发鹏：《深入开展水外交合作的思考与对策》，《中国水利》2017 年第 18 期，第 62—64 页。

⑥ 涂亦楠、Rafael M. Plaza：《基于"水外交"视角浅论我国与湄公河流域国家的盐差能开发与合作》，《安全与环境工程》2018 年第 25 卷第 2 期，第 23—29 页。

⑦ 肖阳：《中国水资源与周边"水外交"——基于国际政治资源的视角》，《国际展望》2018 年第 3 期，第 89—110 页。

　　关于美国的具体水外交问题的研究。李志斐在《美国的全球水外交战略探析》中指出，美国通过制度建设、政治介入、资本与技术输出等多种手段，深度介入对象国及其所在区域的水资源治理与社会经济发展，从根本上提升美国对地缘政治环境塑造的影响力。① 刘博等在《美国水外交的实践与启示》中指出，美国通过提升国际涉水事务参与程度，利用其政治影响、制度理念、科技和金融优势，将水作为处理地缘政治、地区稳定、经济发展等国际问题的重要抓手，多角度谋取"水红利"。中国可借鉴吸收美国的水外交管理经验，在未来加强顶层设计，制定水外交政策；加强立法管理，完善跨界水制度；加强统筹协调，整合水外交资源；加强能力建设，打造水外交智库；加强周边合作，树立水外交品牌。②

　　关于欧盟的具体水外交问题研究。邢伟在《欧盟介入中亚水外交的目的、路径与挑战》和《欧盟的水外交：以中亚为例》中指出，欧盟通过区域性的双边与多边对话与合作机制，提供区域性公共产品，突出其价值观并维护中亚地区的安全利益。欧盟内部的一致性、中亚国家间的关系和地区内部国家水资源的治理能力，影响欧盟水外交工作的进展。欧盟在中亚水外交领域的实施特点是通过协议等渠道进行直接援助、地区机制安排以及与国际社会加强合作。③

　　关于以色列的具体水外交问题研究。高阳在《以色列水外交政策研究》中指出，以色列根据其不同历史时期的实际情况，以水为工具，制定灵活科学的水外交政策，促进了国家水经济发展，服务了国家整体外交战略。研究以色列水外交政策，能给中国水外交政策的制定带来深刻的启示。未来，中国可制定科学的水外交政策；大力发展水经济；注重水外交能力建设；

---

　　① 李志斐：《美国的全球水外交战略探析》，《国际政治研究》2018年第3期，第63—88页。
　　② 刘博、张长春、杨泽川、沈可君：《美国水外交的实践与启示》，《边界与海洋研究》2017年第2卷第6期，第79—89页。
　　③ 邢伟：《欧盟介入中亚水外交的目的、路径与挑战》，《新疆社会科学》2017年第2期，第69—76页；邢伟：《欧盟的水外交：以中亚为例》，《俄罗斯东欧中亚研究》2017年第3期，第90—102页。

培养技巧，敢于沟通，反复实践。①

关于非洲地区的具体水外交问题研究。刘博与陈霁巍在《埃塞俄比亚关于尼罗河水外交的实践与启示》中指出，纵观近 20 年的尼罗河流域水外交实践，在埃塞俄比亚政府的不懈努力下，上游国家因历史遗留问题导致跨界水资源权益丧失的不利局面逐步得到扭转，流域水争端得到较大程度缓解，上下游国家开始从兵戈相向转为对话合作。②

关于全球范围内的具体水外交问题研究。夏朋等在《国外水外交模式及经验借鉴》中简要叙述了美国、欧盟、荷兰、新加坡水外交的战略目标、对象与特点，并提出对中国水外交的四点启示：要将水外交提升至国家战略层面，有助于借助国家总体外交行动，保障本国水安全；国际组织是至关重要的多边水外交平台；经济和技术援助是最有效和最灵活的双边水外交工具；智库与非政府组织活动是更温和、更容易被接受的水外交途径。③

（二）关于中国与湄公河国家的跨界水资源合作研究

国内外学界从国际关系、法学、地理学、历史学等不同学科或者交叉学科角度，对中国与湄公河国家在湄公河上的水利开发、航道安全、机制合作、渔业发展、生态保护等方面进行了深入的研究，相关文献颇多。本部分以从国际关系研究视角研究中国与湄公河国家跨界水资源合作的文献为主，并挑选具有代表性的其他学科视角的研究文献进行论述。

1. 国际关系视角下的中国与湄公河国家跨界水资源合作研究

（1）国外学界在国际关系视角下对中国与湄公河国家跨界水资源合作研究

张宏洲（Zhang Hongzhou）与李明江（Li Mingjiang）主编的《中国与亚洲跨界水政治》从国际关系视角分析和解读了与中国相连的湄公河、阿

---

① 高阳：《以色列水外交政策研究》，《郑州铁路职业技术学院学报》2018 年第 4 期，第 65—68 页、第 82 页。

② 刘博、陈霁巍：《埃塞俄比亚关于尼罗河水外交的实践与启示》，《战略决策研究》2018 年第 1 期，第 96—104 页。

③ 夏朋、郝钊、金海、杨研：《国外水外交模式及经验借鉴》，《水利发展研究》2017 年第 11 期，第 21—24 页。

穆尔河（中国称黑龙江）、布拉马普特拉河（中国称雅鲁藏布江）、图们江、鸭绿江等涵盖东南亚、南亚、东北亚、中亚地区的跨界河流水资源开发、合作、管理等问题，同时还探讨和分析了中国在湄公河地区大坝建设的议题。①

吴翠玲（Evelyn Goh）所著《开发湄公河：中国与东南亚国家关系间的区域主义与区域安全》从安全与地区视角出发，认为安全在经济地区主义的发展中起到重要作用。在有关资源安全探讨上，作者认为，中国在其流域建造了八座大坝用以增加对水流量与质量的管控。在有关环境问题与人类安全方面，作者认为，大坝建设引起的混乱以及由水流量与质量变化造成的对生计的影响将使得流域国家间的政治不稳定。②

乔金·欧杰戴尔（Joakim Öjendal）、斯蒂娜·汉松（Stina Hansson）和索非·埃勒贝格（Sofie Hellberg）在《跨界流域的政策与发展：以下湄公河流域为例》中将国际关系研究（方法）与发展研究（方法）相结合。他们用国际关系研究（方法）来分析湄公河跨界水资源合作中水政策及其偏向用来确保国家主权与国家利益的问题，用发展研究（方法）来关注参与、计划、介入的规则。另外，该作品还就湄公河地区河流的开发、水资源综合管理、大坝建设（涉及中国建设大坝的内容）进行了研究。③

卡尔·米德尔顿（Carl Middleton）和杰里米·阿洛克（Jeremy Allouche）在《分水岭还是分权岭？关键的水政治、中国与澜湄合作框架》中认为，随着湄公河流域大量水坝的建设，中国与湄公河国家进入了新的水政治时代。澜湄合作机制是由中国领导的新倡议，旨在提出经济和水资源开发方案，并通过中国大坝控制上游水资源以发展水外交。④

---

① Zhang Hongzhou and Li Mingjiang (eds.), *China and Transboundary Water Politics in Asia* (New York: Routledge, 2018).

② Evelyn Goh, *Developing the Mekong: Regionalism and Regional Security in China-Southeast Asian Relations* (London: Routledge, 2007).

③ Joakim Öjendal, Stina Hansson and Sofie Hellberg (eds.), *Politics and Development in a Transboundary Watershed: The Case of the Lower Mekong Basin* (Dordrecht: Springer, 2012).

④ Carl Middleton and Jeremy Allouche, "Watershed or Powershed? Critical Hydropolitics, China and the 'Lancang-Mekong Cooperation Framework'," *The International Spectator* 51, no. 3 (2016):100-117.

何莉菁（Selina Ho）在《河流政治：中国在湄公河和雅鲁藏布江的政策比较》中从对比视角出发，探讨了中国在湄公河与雅鲁藏布江上开发的动力、制度与影响等因素。[①]

弗克·乌尔万（Frauke Urban）等在《中国在大湄公河次区域水电领域的投资分析》中以"大国崛起框架"进行分析，指出中国在"走出去"战略背景下加大对大湄公河次区域的水利投入的现状以及给大湄公河次区域带来的经济、环境与社会影响。[②]

奥利弗·亨森格斯（Olive Hensengerth）的《跨界水资源合作与区域性公共产品：以湄公河为例》从区域性公共视角切入，对比了大湄公河次区域经济合作、湄公河委员会合作以及"黄金四角"地区经济开发合作在湄公河跨界水资源开发上的功效和作用。[③]

皮查蒙·约范童（Pichamon Yeophantong）等在《湄公河流域上的中国澜沧江梯级大坝与跨国行动主义：谁获得了权力？》中分析了中国在湄公河上建设大坝、水利开发等活动，并阐述了湄公河国家对中国跨界水资源开发的担忧与误解。[④]

查格斯·玛纳特格（Jagath Manatunge）等在《湄公河的内河航运：可持续发展问题与前景》中探讨了湄公河航道的地域特征、河道沿岸六国发展航运的各自需求、航道运行现状与进一步发展的制约因素、航道发展对于环境的影响，最后提出在可持续发展航道的同时保护环境的相关举措。[⑤]

[①] Selina Ho, "River Politics: China's Policies in the Mekong and the Brahmaputra in Comparative Perspective," *Journal of Contemporary China* 23, no.85 (2014):1-20.

[②] Frauke Urban, Johan Nordensvärd and Deepika Khatri, "An Analysis of China's Investment in the Hydropower Sector in the Greater Mekong Sub-Region," *Environment, Development and Sustainability* 15, no. 2 (2013):301-324.

[③] Oliver Hensengerth, "Transboundary River Cooperation and the Regional Public Good: The Case of the Mekong River," *Contemporary Southeast Asia: A Journal of International and Strategic Affairs* 31, no. 2 (2009):326-349.

[④] Pichamon Yeophantong, "China's Lancang Dam Cascade and Transnational Activism in the Mekong Region: Who's Got the Power?" *Asian Survey* 54, no. 4 (2014):700-724.

[⑤] Jagath Manatunge et al., "Inland Navigation in the Mekong: Issues and Prospects for Sustainability," 地球環境シンポジウム講演集 5 (1997):197–202.

（2）国内学界在国际关系视角下对中国与湄公河国家跨界水资源合作研究

卢光盛在《湄公河航道的地缘政治经济学：困境与出路》中认为，要在澜湄合作机制下建设地缘政治经济复合型新航道且航道建设内容要涵盖战略、经济、安全、环境等。① 卢光盛与张励在《论"一带一路"框架下澜沧江—湄公河"跨界水公共产品"的供给》中界定了"跨界水公共产品"的概念与内涵，并对湄公河流域内的协调机制类、航运安全类、技术类、域外跨境类跨界水公共产品的供给现状、不足与影响进行了分析，最后提出了中国在"一带一路"框架下提供"跨界水公共产品"的具体路径。② 卢光盛在《中国加入湄公河委员会，利弊如何》中指出了中国加入湄公河委员会的可能性以及相关收益与代价。③

张励在《老挝溃坝事件与美国"以河之名"》中回顾了 2018 年 7 月由韩国公司建造的老挝大坝溃坝事件，并指出中国在灾后的积极援助和美国"以河之名"对中国的无端指责。同时，他还分析了湄公河并非是中国"避犹不及的命脉"的原因，以及美国发起此次"以河之名"的三重动因。最后，他提出中国应通过细化与公开澜湄合作机制中的水资源合作管理机制，提高湄公河水资源合作项目的可靠性与透明度，保持和增强湄公河水资源话语的主动权与解释权等途径来应对"以河之名"的水冲突新态势。④ 张励、卢光盛与伊恩·乔治·贝尔德在《中国在澜沧江—湄公河跨界水资源合作中的信任危机与互信建设》中提出国际信任的分析框架，并以其为分析和解决工具，探析中国在湄公河跨界水资源合作中的信任危机与根源，提出湄公河国家对信任信息获取的偏差、对合作机制中信任维护的忽视、在合

---

① 卢光盛：《湄公河航道的地缘政治经济学：困境与出路》，《深圳大学学报（人文社会科学版）》2017 年第 1 期，第 138—145 页。

② 卢光盛、张励：《论"一带一路"框架下澜沧江—湄公河"跨界水公共产品"的供给》，《复旦国际关系评论》2015 年第 1 期，第 133—151 页。

③ 卢光盛：《中国加入湄公河委员会，利弊如何》，《世界知识》2012 年第 8 期，第 30—32 页。

④ 张励：《老挝溃坝事件与美国"以河之名"》，《世界知识》2018 年第 17 期，第 38—39 页、第 42 页。

作基础选择上国家利益大于国际信任的行为，是造成跨界水资源合作信任危机的主要原因。① 张励与卢光盛在《从应急补水看澜湄合作机制下的跨境水资源合作》中从 2016 年中国对湄公河国家补水缓解事件切入，分析了四种截然不同的国际舆情反应，并探析湄公河流域内外各利益体的意图、行为模式与地区内缺乏有效水资源合作机制的现象，最终提出中国在澜湄合作机制下完善跨界水资源合作的具体路径。② 张励的《"一带一路"框架下澜沧江—湄公河跨界水资源合作模式的创新升级》从合作模式角度切入，分析了跨界水资源问题与大湄公河次区域共建"一带一路"的互动关系，探讨了现有澜沧江—湄公河跨界水资源合作模式的优劣，并提出了模式的创新升级路径。③

郭延军在《权力流散与利益分享——湄公河水电开发新趋势与中国的应对》中从权力流散与利益分享角度分析湄公河水电开发趋势，并提出中国参与湄公河流域水资源机制建设与建立全流域水资源治理框架的原则与政策。④ 郭延军和任娜在《湄公河下游水资源开发与环境保护——各国政策取向与流域治理》中分析了湄公河各国的利益与水资源管理方式，并就国际环境中非政府组织、流域外国家的观点进行了探讨，同时指出中国加强流域治理的路径。⑤ 郭延军在《大湄公河水资源安全：多层治理及中国的政策选择》中引入多层治理概念，探讨大湄公河次区域建立新的治理模式的可行性，并提出中国应积极推动新的多层治理机制的建设，尤其是推动建立覆盖全流域的水资源合作机制，促进次区域水资源安全的善治，实现该

① 张励、卢光盛、伊恩·乔治·贝尔德：《中国在澜沧江—湄公河跨界水资源合作中的信任危机与互信建设》，《印度洋经济体研究》2016 年第 2 期，第 16—27 页。

② 张励、卢光盛：《从应急补水看澜湄合作机制下的跨境水资源合作》，《国际展望》2016 年第 5 期，第 95—112 页。

③ 张励：《"一带一路"框架下澜沧江—湄公河跨界水资源合作模式的创新升级》，载刘稚、卢光盛主编《大湄公河次区域合作发展报告（2015）》，社会科学文献出版社，2015，第 64—75 页。

④ 郭延军：《权力流散与利益分享——湄公河水电开发新趋势与中国的应对》，《世界经济与政治》2014 年第 10 期，第 117—135 页。

⑤ 郭延军、任娜：《湄公河下游水资源开发与环境保护——各国政策取向与流域治理》，《世界经济与政治》2013 年第 7 期，第 136—154 页。

地区的可持续发展和共同繁荣。[①]

吕星和刘兴勇在《澜沧江—湄公河水资源合作的进展与制度建设》中就近年来中国参与澜湄水资源合作、湄公河委员会的战略调整和域外国家参与湄公河水资源合作三个方面的进展、成就与问题进行探讨，并提出通过广泛的对话机制和全流域治理机制来推进澜湄水资源合作。[②] 吕星和王科在《大湄公河次区域水资源合作开发的现状、问题及对策》中分析了中国与湄公河国家在湄公河跨界河流开发上的现状、各自的利益诉求以及未来的发展走势，并提出了应对策略。[③]

刘稚在《环境政治视角下的大湄公河次区域水资源合作开发》中以环境政治为视角，分析了新形势下中国参与大湄公河次区域水资源合作开发的路径和措施，强调要加强国际河流的合作开发管理和生态环境保护，推动建立次区域环境影响评价制度，加强对相关企业投资行为的引导，创造和扩大在湄公河航运方面的共同利益。[④]

屠酥和胡德坤在《澜湄水资源合作：矛盾与解决路径》中指出，在寻求水资源合作治理的道路上，中国应深化与下游国家在防洪、灌溉、航运和水电等水资源开发领域的互利合作；还可通过高层交往、技术合作、合作开发、民间交流等方式，增进与下游国家的政治互信，建立并维持良好的周边水资源外交关系。[⑤]

朴键一和李志斐在《水合作管理：澜沧江—湄公河区域关系构建新议

① 郭延军：《大湄公河水资源安全：多层治理及中国的政策选择》，《外交评论》2011 年第 2 期，第 84—97 页。

② 吕星、刘兴勇：《澜沧江—湄公河水资源合作的进展与制度建设》，载刘稚、卢光盛主编《澜沧江—湄公河合作发展报告（2017）》，社会科学文献出版社，2017，第 73—93 页。

③ 吕星、王科：《大湄公河次区域水资源合作开发的现状、问题及对策》，载刘稚、卢光盛主编《大湄公河次区域合作发展报告（2011—2012）》，社会科学文献出版社，2012，第 107—120 页。

④ 刘稚：《环境政治视角下的大湄公河次区域水资源合作开发》，《广西大学学报》2013 年第 5 期，第 1—6 页。

⑤ 屠酥、胡德坤：《澜湄水资源合作：矛盾与解决路径》，《国际问题研究》2016 年第 3 期，第 51—63 页。

题》中认为，澜沧江—湄公河的水资源管理涵盖社会、经济、环境和政治等多维向度，大湄公河次区域合作和湄公河委员会所起的作用虽然积极但成效有限，缺乏区域认同的制度安排是该流域水资源管理所面临的最大问题，应通过提升流域一级的综合合作，加强高级别的政治参与来进行改善。中国作为上游国家，需要从战略高度思考，发挥地区性大国作用，对共享水资源进行更长远、更系统的管理。①

2. 历史学、地理学、法学等视角下的中国与湄公河国家跨界水资源合作研究

（1）国外学界在历史学、地理学、法学等视角下对中国与湄公河国家跨界水资源合作研究

米尔顿·奥斯本（Milton Osborne）的《湄公河：动荡的过去，未卜的将来》是一部有关湄公河流域发展的历史著作。在有关中国与湄公河跨界水资源合作方面，作者探讨了中国与湄公河委员会的关系，中国建设大坝的目的以及对河流的影响等问题。②

本·博尔（Ben Boer）、菲利普·赫希（Philip Hirsch）、弗勒·约翰斯（Fleur Johns）、本·索尔（Ben Saul）和纳塔利·斯卡拉（Natalia Scurrah）的《湄公河：流域发展的社会法律方法》是第一本运用社会法律视角详细研究国际河流的著作。作者用社会法律分析方式来理解湄公河水管理中的冲突，并评估了流域情况，还就流域内公民社会的法律策略进行了研究。③

弗朗索瓦·莫尔（François Molle）、泰拉·福伦（Tira Foran）与米拉·卡科嫩（Mira Käkönen）主编的《湄公河地区的争议水景：水力发电、生计与管理》探讨了湄公河地区水资源的发展历程，并主要就水电、民生等领域进行了探讨。此外，该著作还分析了中国在湄公河建设大坝的政策与影响，

① 朴键一、李志斐：《水合作管理：澜沧江—湄公河区域关系构建新议题》，《东南亚研究》2013 年第 5 期，第 27—35 页。

② Milton Osborne, *The Mekong: Turbulent Past, Uncertain Future* (New York: Grove Press, 2000).

③ Ben Boer et al., *The Mekong: A Socio-Legal Approach to River Basin Development* (New York: Routledge, 2016).

中国对湄公河国家的水电投资以及具体的投资主体。[①]

凯特·拉扎勒斯（Kate Lazarus）、贝尔纳黛特·雷萨里克西恩（Bernadette P. Resurreccion）、农加·达（Nga Dao）和内森·巴德诺赫（Nathan Badenoch）等在《湄公河地区的水权与社会公正》中关注湄公河区域（包含中国与湄公河国家）水权与社会公正的复杂本质，并指出最严峻的挑战是跨界水资源合作的政策、协调、决策与问题解决。该作品同时从社会、政治、文化视角探讨了区域内的水管理。[②]

伊恩·查尔斯·坎贝尔（Ian Charles Campbell）的《湄公河：国际流域的生物物理环境》从地理学视角详细分析了湄公河的地质情况、资源情况、水文情况、输沙量，以及中国与湄公河国家在水资源开发上的不同水平，并就中国大坝对水资源合作的影响进行了探讨。[③]

狄乐胡（Ti Le-Huu）和连阮德（Lien Nguyen-Duc）在《湄公河案例研究》中聚焦湄公河国家与中国云南省，并从法律、历史发展、协商与调节、系统分析等方面研究湄公河流域，试图将潜在的冲突转换为潜在的合作条件。[④]

克里斯·科克林（Chris Cocklin）和莫妮克·海因（Monique Hain）在《对所提议的上湄公河航运改造项目的环境影响评价》中借用环境影响评价机制对湄公河航运改造的现状进行了环境评估，此外也对相应的社会环境评价做出了意见反馈。[⑤]

（2）国内学界在历史学、地理学、法学等视角下对中国与湄公河国家

[①] François Molle, Tira Foran and Mira Käkönen (eds.), *Contested Waterscapes in the Mekong Region: Hydropower, Livelihoods and Governance* (London: Earthscan, 2009).

[②] Kate Lazarus et al. (eds.), *Water Rights and Social Justice in the Mekong Region* (London: Earthscan, 2011).

[③] Ian Charles Campbell (ed.), *The Mekong: Biophysical Environment of an International River Basin* (New York: Academic Press, 2009).

[④] Ti Le-Huu et al., "Mekong Case Study" (Paris, UNESCO, 2003).

[⑤] Chris Cocklin and Monique Hain, "Evaluation of the EIA for the Proposed Upper Mekong Navigation Improvement Project" (Monash Environmental Institute, Monash University, Australia, 2001).

跨界水资源合作研究

何大明、冯彦所著《国际河流跨境水资源合理利用与协调管理》和何大明、冯彦、胡金明等的《中国西南国际河流水资源利用与生态保护》主要从水文地理的视角分析了中国在澜沧江—湄公河跨界水资源的开发、对当地社区水供应、土地覆盖变化、水土流失等的影响，并对湄公河地区相关的国际性与区域性水资源开发合作条例进行了说明。①

马树洪的《东方多瑙河——澜沧江—湄公河流域开发探究》主要介绍了澜沧江—湄公河的航道和水能储量及流域地区的自然资源，对重点开发航运、水能和旅游业及其他资源的综合开发进行了思考，并就建立合作机制提出了建议。②

何艳梅的《中国跨界水资源利用和保护法律问题研究》从国际水资源法的视角出发，分析了中国跨界水资源利用和保护的理论、基本原则，并在此基础上探讨了澜沧江—湄公河流域水资源开发利用情况、现行条约和组织框架，同时给予了法律措施建议。③

王建军的《全球化背景下大湄公河次区域水能资源开发与合作》较为系统地分析了中国与湄公河国家的水能情况、水电需求与供给、面临的机遇与挑战，并给出了促进湄公河地区水能资源开发与合作的指导思想、原则与对策建议。④

总体而言，国内外学界对水外交理论与问题进行了初步探索，并逐步将水外交用于分析和解决具体的跨界水资源问题，在有关中国与湄公河国家跨界水资源合作上则从多学科、多视角进行了探讨和研究。笔者认为，目前的研究存在一些不足。第一，水外交的理论深度有待进一步提高。目

① 何大明、冯彦：《国际河流跨境水资源合理利用与协调管理》，科学出版社，2006；何大明、冯彦、胡金明等：《中国西南国际河流水资源利用与生态保护》，科学出版社，2007。
② 马树洪：《东方多瑙河——澜沧江—湄公河流域开发探究》，云南人民出版社，2016。
③ 何艳梅：《中国跨界水资源利用和保护法律问题研究》，复旦大学出版社，2013。
④ 王建军：《全球化背景下大湄公河次区域水能资源开发与合作》，云南民族出版社，2007。

前涉及水外交理论系统研究的著作较少，大多局限于对水外交具体问题的研究。同时，现有的研究未对水外交的具体内涵、特点、路径等进行更为细致和系统的分析。水外交理论与方法的匮乏无助于解决跨界水问题。第二，水外交理论与中国案例结合较少。中国与湄公河国家地处全球四大水资源冲突热点地区之一，但截至 2019 年，以其为水外交具体案例进行研究的成果不多，且主要集中在国内学界。第三，跨界水资源合作的研究未与中国对外战略发展相结合。现有研究文献尽管能从国际关系的视角进行考量，但分析不够深入，未从国际关系的宏观层面探讨跨界水资源合作与澜湄合作机制、周边外交、国际和区域秩序建设、人类命运共同体构建、大国转型、对外投资等的关系。第四，跨界水资源合作的研究缺乏全局性。现有从国际关系视角进行研究的大量文献多聚焦于中国与湄公河国家跨界水资源合作中的某一领域，缺乏全局性，对跨界水问题之间的关联性关注不足。

四、研究创新

（一）对水外交理论与中国水外交体系的构建和发展

构建完整、系统、科学的水外交理论，并提出符合中国发展权益与澜湄国家命运共同体构建需求的中国水外交体系。同时，强调水外交灵活应变的特性，在把握整体原则与目标实现的基础上，根据跨界水资源问题的不同变化，设计灵活的应对策略。

（二）对中国周边外交的补充及对区域合作和地区秩序能力建设的辅助

强调水外交与中国周边外交、区域合作、地区秩序能力建设的联系。本书将把水外交与水问题放到整个湄公河地区的国际关系问题中去探讨，分析水外交与水问题同区域内国际关系走向和影响的联系，探寻其与中国东南亚周边外交实践、澜湄合作机制建设，以及湄公河地区秩序构建的关联。

（三）将湄公河跨界水资源作为水外交研究的一个完整对象来探讨

以往研究往往就中国与湄公河国家跨界水资源合作中的某一领域进行分析，而本书将把湄公河跨界水资源作为一个整体来考察。分析跨界水资源开发与合作的各个领域将有助于全面形成整体、科学、完善的水外交推进策略，保证中国的湄公河跨界水资源开发权，促进地区内水资源关系的正常发展。

五、研究方法

（一）文献研究方法

充分搜集和整理国内外有关水外交理论及中国与湄公河国家跨界水资源合作方面的著作、论文、研究报告、官方（权威）网站相关报道等资料，同时对中国整体周边外交布局（尤其是在湄公河地区的战略布局）以及湄公河跨界水资源的基础数据和研究材料进行搜集、整理和研读。

（二）调查研究方法

利用在美国知名东南亚研究中心的访学机会，以及在中国与湄公河国家参与跨界水资源合作会议与考察的契机，对来自全球该领域的专家以及湄公河国家的利益关切群体进行访谈，获得可靠、有效的材料，并对该材料进行分析、综合、比较、归纳，提高研究的可信度与准确度。

（三）概念分析法

通过概念分析法研究水外交概念的内涵（特有的属性）与外延（与之相关的内容），从而构建起全面、系统的水外交理论。同时，本书将通过概念分析，区分与水外交类似的其他相关概念（如水政治、水管理、水合作、蓝色外交、河流外交、液体外交等）。

（四）个案研究法

运用个案研究法重点分析水外交视角下的湄公河跨界水资源互动。对中国与湄公河国家的水资源分配与开发权、湄公河航道政治经济复合型功能建设、湄公河水信息和水技术的合作、美日澳韩等域外行为体与中国在湄公河的水竞争等诸多案例进行分析，探究其根源，为中国在湄公河地区的水外交建言献策。

第一章

水外交的基础理论

本章首先就水外交的相关概念进行辨析，探究水外交与水政治、水管理、水合作、蓝色外交、河流外交、液体外交的联系与异同。接着，在简要探讨水外交的英文用词基础上，重点构建水外交的理论体系，对水外交的源流脉络、定义、核心、属性、合法性等进行细致探讨，为探究具体跨界水资源合作与冲突案例搭建分析框架。最后，对水外交的功能进行探索，并构建起水外交实施效果的具体绩效评估体系，为中国对湄公河国家水外交实施效果绩效分析提供理论依据。

第一节　水外交的相关概念辨析

在对水外交概念与理论进行研究前，首先要辨析与水外交看似极为相近的水政治、水管理、水合作、蓝色外交、河流外交、液体外交等概念，由此把握水外交研究角度与厘清研究思路。

一、水政治概念

水政治（Water Politics 或 Hydropolitics）是在研究水问题相关议题中经常被提及的一个词，且从表面看与水外交一词极为相似，出现的时间也早于水外交。水政治一词第一次被使用是在 1979 年出版的《尼罗河谷的水政治》一书中。① 而据笔者研究考证，至今所能查到的最早出现水外交一词的文献是 1986 年出版的《印度与孟加拉国共有河流与水外交》一文（详见本章第二节）。②

目前，国内学界对于水政治概念的研究较少，本书列举比较有代表性的几种说法。第一，水政治学会认为，水政治是一门新兴的多学科科学，从技术角度来研究由地表水、地下水、流域内（包含沿边界的流域，且流域内不止一个国家）的自然水、人工水所引起的政治与司法问题，并寻求法律对策。③ 第二，阿伦·艾勒汉斯（Arun P. Elhance）认为，"水政治是对国家间跨界水资源冲突与合作的系统性研究"。④ 理查德·梅斯纳（Richard Meissner）认为，水政治包含三部分内容，即"调查国家和非国家行为体之间（包括国家内外的个人和其他参与者）的相互作用；关于水的权威性分配或使用；考虑到水的源头可能同时涉及国际性和国家性，因此意味着这种水有某种主权"。⑤ 第三，安东尼·特顿（Anthony Turton）在对水政治相关理论文献梳理后，并不试图对水政治进行最终定论，只是指出现有水政治往往侧重于共享河流的国际层面冲突，对非高冲突地区（如南非）的关注不够。⑥

综上可以看出，对于水政治的解读具有四个特点。第一，确定了实施

---

① John Waterbury, *Hydropolitics of the Nile Valley* (Syracuse: Syracuse University Press, 1979).

② Nurul Islam and Mohammad Humayan Kabir, "Indo-Bangladeshi Common Rivers and Water Diplomacy" (Dhaka, Bangladesh Institute of International and Strategic Studies, 1986).

③ Hydropolitics Academy, "Hydropolitics," accessed December 10, 2016, http://www.hidropolitikakademi.org/en/hydropolitics.

④ Arun P. Elhance, *Hydropolitics in the Third World: Conflict and Cooperation in International River Basins* (Washington D.C.: United States Institute of Peace Press, 1999), p. 3.

⑤ Richard Meissner, "Water as a Source of Political Conflict and Cooperation: A Comparative Analysis of the Situation in the Middle East and Southern Africa" (Department of Political Studies, Rand Afrikaans University, Johannesburg, South Africa, title translated from original Afrikaans,1998).

⑥ Anthony Turton, "Hydropolitics: The Concept and Its Limitations," in Anthony Turton and Roland Henwood, eds., *Hydropolitics in the Developing World: A Southern African Perspective* (Pretoria: African Water Issues Research Unit, 2002), p. 19.

主体与受体为国家或者非国家行为体。第二，确定了实施内容是水资源的分配和使用。第三，确定了水政治的水包含地表水、地下水、自然水、人工水等。第四，确定了水政治的存在模式：合作与冲突。因此，水政治与水外交在多方面存在相似性，但在涵盖范围、具体指向、实施主体、受众对象、原则等方面有所不同。水政治更多的是形容水合作和水冲突的一种特性和可能引起的政治反响，很难为国家（或政府间国际组织）在进行跨界水资源合作或发生水冲突时提供有针对性、具体化的解决方式和路径，也很难帮助国家（或政府间国际组织）在国际关系、国际秩序、形象建设上获得对应效果；而水外交是一种具体的、有针对性的活动，在内容、功能、实施方式上要比水政治更全面、更完善。

二、水管理概念

国内外学界从不同角度，对于水管理（Water Management）概念进行了探讨。第一，美国农业部认为，水管理是对水资源的控制和移动，以最大限度地减少对生命和财产的损害，并最大限度地有效利用。水坝和堤坝的良好水管理将降低因洪水造成的危害风险。灌溉水管理系统可以最大化有效地利用有限的农业用水。[1] 第二，马尔科·凯斯基宁（Marko Keskinen）等人认为，水管理应被视为国家内部和国家不同行为体之间的共同任务。[2] 第三，克拉伦斯·舍恩菲尔德（Clarence Schoenfeld）认为，水管理是 10% 的水资源管理与 90% 的人员管理。[3] 第四，水管理是为支持实现可持续发展战略目标，在水资源及水环境的开发、治理、保护、利用过程中所进行的

---

① "Water Management," United States Department of Agriculture, accessed December 10, 2016, https://www.nrcs.usda.gov/wps/portal/nrcs/main/national/water/manage/.

② Marko Keskinen et al., "Water Diplomacy: Bringing Diplomacy into Water Cooperation and Water into Diplomacy," in Ganesh Pangare, ed., *Hydro Diplomacy: Sharing Water across Borders* (New Delhi: Academic Foundation, 2014), p. 35.

③ Apichai Sunchindah, "Water Diplomacy in the Lancang-Mekong River Basin: Prospects and Challenges" (paper represented at the Workshop on the Growing Integration of Greater Mekong Sub-regional ASEAN States in Asian Region, Yangon, Myanmar, September 2005), p. 21.

统筹规划、政策指导、组织实施、协调控制、监督检查等一系列规范性活动的总称。① 第五，水管理是以构建良性社会水循环、实现水资源可持续利用为目的，政府有关部门依据水法调控社会水循环要素所实施的行政管理。② 第六，水管理是人类社会及其政府对适应、利用、开发、保护水资源与防治水害活动的动态管理以及对水资源的权属管理，包括政府与水、社会与水、政府与人以及人与人之间的水事关系。③ 第七，水管理是运用、保护和经营已开发的水源、水域和水利工程设施的工作。水管理的目标是保护水源、水域和水利工程，合理使用，确保安全，消除水害，增加水利效益，验证水利设施的正确性。为了实现这一目标，需要在工作中采取各种技术、经济、行政、法律措施。随着水利事业的发展和科学技术的进步，水利管理已逐步采用先进的科学技术和现代化管理手段。④

综上，水管理更多地被视为一种技术方式，主要就水资源的利用、保护、规划等进行合理的安排。同时，水管理对其行为体进行了探讨，主要包括国家、政府、社会、人等。但水管理与水外交相比，其在目标指向与涵盖范围上都已经缩小，把水管理视为水外交下的一种实施方式更为适合。

三、水合作概念

国内外学界对水合作（Water Cooperation）概念研究得较少，可以说，水合作还没有形成具体的概念。现有对于水合作的研究主要集中于两点。第一，马尔科·凯斯基宁等人认为，水合作不太具有政治色彩。水合作不太考虑政治紧张局势，只侧重于共有水资源的物理或技术层面。⑤ 第二，

---

① 冯尚友：《水资源持续利用与管理导论》，科学出版社，2000，第 112 页。
② 陈庆秋、陈晓宏：《基于社会水循环概念的水资源管理理论探讨》，《地域研究与开发》2004 年第 3 期，第 112 页。
③ 参见柯礼聃《中国水法与水管理》，中国水利水电出版社，1998。
④ 参见姜文来、唐曲、雷波《水资源管理学导论》，化学工业出版社，2005。
⑤ Marko Keskinen et al., "Water Diplomacy: Bringing Diplomacy into Water Cooperation and Water into Diplomacy," in Ganesh Pangare, ed., *Hydro Diplomacy: Sharing Water across Borders* (New Delhi: Academic Foundation, 2014), p. 36.

葆拉·哈纳斯（Paula Hanasz）从水冲突视角分析水合作的概念，并把水合作定义为与水相关的互动。[①] 本书认为，水合作指由两个或两个以上的行为体为与水有关的目标而共同工作。

总而言之，水合作是一种有关状态的表达，它不是某种具体的方式也不具备特定的性质。与此不同的是，水外交是一个有针对性、有目标且有具体实施方式的活动。同时，水合作不关注且不强调水的政治色彩，而水外交则聚焦于跨界水资源管理以及相关合作的政治方面问题。

四、其他相关概念

除了上述几个较为重要的概念，还有蓝色外交（Blue Diplomacy）[②]、河流外交（River Diplomacy）[③]、液体外交（Liquid Diplomacy）[④] 等与水外交相关的概念叙述和表达。但从现有文献研究来看，这几个相关概念被认为是一种"称谓"更为准确，它们具有以下两个特征：第一，上述三个"称谓"并没有被具体地定义和研究，相关研究文献也较少，蓝色外交与液体外交更多的是带有一种比喻的性质；第二，从有关上述三个"称谓"的文献中可以看出，其具体研究内容还是围绕河流开发、水资源利用等议题进行，没有形成一套独有且特别的分析与研究体系，甚至在有些相关文献中直接提到了水外交一词。[⑤] 基于上述特征，除了在称谓上与水外交接近，上述概念的具体研究方法并无太多特色。因此，本书不进行详细探讨。

[①]　Paula Hanasz, "Understanding Water Cooperation and Conflict," Global Water Forum, December 2, 2013, accessed December 11, 2016, http://www.globalwaterforum.org/2013/12/02/understanding-water-cooperation-and-conflict/.

[②]　Johan Gely, "Blue Diplomacy: Fostering Sustainable and Equitable Growth," in Ganesh Pangare, ed., *Hydro Diplomacy: Sharing Water across Borders* (New Delhi: Academic Foundation, 2014), p.35.

[③]　Robert G. Wirsing et al., "Spotlight on Indus River Diplomacy: India, Pakistan, and the Baglihar Dam Dispute" (Asia-Pacific Center for Security Studies, May 2006).

[④]　Peter Feuilherade, "Water: Liquid Diplomacy," *Middle East* (June 1994):32.

[⑤]　Johan Gely, "Blue Diplomacy: Fostering Sustainable and Equitable Growth," in Ganesh Pangare, ed., *Hydro Diplomacy: Sharing Water across Borders* (New Delhi: Academic Foundation, 2014), p.35.

第二节　水外交的理论构建

在对水外交相关概念辨析的基础上，本节主要探讨水外交理论体系的构建问题。本节将对水外交的英文用词分析，水外交的源流脉络、定义、核心、属性、合法性等进行探讨，为分析具体的跨界水资源合作与冲突的案例（尤其是湄公河地区的跨界水资源合作与冲突的案例）提供理论支持和分析框架。

一、水外交英文用词分析

在对水外交的源流发展进行研究前首先要确定水外交一词的英文用词，由此便于理解与梳理国外对水外交的相关研究，同时也有助于确定本书对于水外交的英文用词选择。

在国外的研究中，对于水外交一词的表述主要为 Water Diplomacy 与 Hydro-Diplomacy。第一，从用词的角度来分析，Water 有名词和动词两种形式。名词的相关解释为"水、（海、湖等的）水和水域"。动词意思则为"灌溉、饮水、（江河）流经并给（某地区）供水"。[①]"Hydro-"属于前缀，有两种解释：水的、使用水的；或氢的、含氢的。[②]虽然 Water 一词在 Water Diplomacy 中为名词，但其总体与水的关联度要明显多于"Hydro-"。

第二，从使用频率与适用范围来看。首先，在国外研究文献中，Water Diplomacy 的使用次数要多于 Hydro-Diplomacy。其次，在具体实践中，无论是国外高校水外交专业设置名称、国际重要学术研讨会对于水外交的写法，还是联合国、欧盟、瑞士、印度等政府间国际组织或国家在具体水外交培训与实施中的表达，Water Diplomacy 出现的频次要多于 Hydro-Diplomacy。

---

① 《朗文当代高级英语词典（英英·英汉双解）》（第 4 版，缩印版），外语教学与研究出版社，2010，第 2599—2600 页。

② 同上书，第 1120 页。

第三，从相关研究来看，有学者对于 Water Diplomacy 与 Hydro-Diplomacy 的差异曾进行过简要分析。例如，马尔科·凯斯基宁等人在《水外交：将外交融于水合作中并把水融于外交中》中探讨了两者的区别，学者们倾向于将水外交称为 Water Diplomacy，因为 "Hydro-" 带有更多的技术色彩。[①]

总体来说，Water Diplomacy 与 Hydro-Diplomacy 没有本质区别，国外学者对于两者的选用更多是出于一种自身偏好。但是，从用词的涵盖范围、使用频率来看，Water Diplomacy 比 Hyrdo-Diplomacy 更为精准。因此，本书的"水外交"即 Water Diplomacy。

二、水外交的源流脉络

对于水外交的研究发展可以划分为三个阶段，且每个阶段都有其研究特色。第一个阶段为 1980 年前的铺垫期，第二个阶段为 1980 年至 2010 年的萌芽期，第三个阶段为 2011 年至今的发展期。从 2011 年起，无论在理论研究、实践研究，还是国际组织和国家政策对水外交的推动上，都出现了前所未有的活跃状态。另外需要指出的是，上述划分是根据每个阶段的主要研究趋势和特点，并不能一概而论，画地为牢，因为也存在某一阶段的极少数研究已经提前具备了下一阶段的研究特色的现象。例如，在第二阶段向第三阶段过渡时，就有一个特例，即 2007 年乌苏拉·奥斯瓦尔德·斯普林撰写的《水外交：在区域进程中的学习机遇》。该文用较多篇幅探讨了水分析框架并分析了美国和墨西哥的水资源战争。[②] 这篇文章在研究特色上具备了第二阶段和第三阶段的一些特性。但总体来说，水外交每个阶段的研究基本是围绕主流特色展开的。

---

① Marko Keskinen et al., "Water Diplomacy: Bringing Diplomacy into Water Cooperation and Water into Diplomacy," in Ganesh Pangare, ed., *Hydro Diplomacy: Sharing Water across Borders* (New Delhi: Academic Foundation, 2014), p. 35.

② Úrsula Oswald Spring, "Hydro-Diplomacy: Opportunities for Learning from an Interregional Process," in Clive Lipchin et al., eds., *Integrated Water Resources Management and Security in the Middle East* (Dordrecht: Springer, 2007), pp. 163-200.

（一）第一个阶段：水外交研究的铺垫期（1980 年之前）

在此阶段，国内外学界多从水资源管理、水资源冲突、水战争等视角切入，主要对某地区造成水问题的原因进行分析，并提供对应的策略，间接地进行了水外交研究并为之后的水外交发展奠定了良好的基础。例如，以全球水资源研究和湄公河研究为例，国外研究著作颇丰，有雷米·纳多（Remi Nadeau）的《水战争》[①]，约翰·奥贝尔（John M. Orbell）和威尔逊（L. A. Wilson）的《河流管理》[②]，艾伯特·莱帕斯基（Albert Lepawsky）的《国际河流发展》[③]，丹尼尔·奥格登（Daniel M. Ogden）的《未来流域发展的政治和管理战略：国家视角》[④]，克莱德·伊格尔顿（Clyde Eagleton）的《国际河流》[⑤]，尤金·罗伯特·布莱克（Eugene Robert Black）的《湄公河：东南亚和平发展中的挑战》[⑥]，吉尔伯特·怀特（Gilbert F. White）的《湄公河计划》[⑦]，威廉·范·利埃（Willem J. Van Liere）的《下湄公河流域传统水资源管理》[⑧]，贾斯珀·英格索尔（Jasper Ingersoll）的《湄公河流域发展：新环境下的人类学》[⑨]，梅农（P. K. Menon）的《资助下湄公河流域发展》[⑩]，弗吉尼亚·摩西·惠勒（Virginia Morsey Wheeler）的《下湄公河流

[①]　Remi Nadeau, *The Water War* (New York: American Heritage Publishing Company, 1961).

[②]　John M. Orbell and L. A. Wilson, "The Governance of Rivers," *The Western Political Quarterly* 32, no. 3 (1979):256-264.

[③]　Albert Lepawsky, "International Development of River Resources," *International Affairs* 39, no. 4 (1963):533-550.

[④]　Daniel M. Ogden, "Political and Administrative Strategy of Future River Basin Development: The National View," *Political Research Quarterly* 15, no. 3 (1962):39-40.

[⑤]　Clyde Eagleton, "International Rivers," *American Journal of International Law* 48, no.2 (1954):287-289.

[⑥]　Eugene Robert Black, "The Mekong River: A Challenge in Peaceful Development for Southeast Asia" (New York, National Strategy Information Center, 1970).

[⑦]　Gilbert F. White, "The Mekong River Plan," *Ekistics* 16, no. 96 (1963):310-316.

[⑧]　Willem J. Van Liere, "Traditional Water Management in the Lower Mekong Basin," *World Archaeology* 11, no. 3 (1980):265-280.

[⑨]　Jasper Ingersoll, "Mekong River Basin Development: Anthropology in a New Setting," *Anthropological Quarterly* 41, no. 3 (1968):147-167.

[⑩]　P. K. Menon, "Financing the Lower Mekong River Basin Development," *Pacific Affairs* 44, no. 4 (1971):566-579.

域的发展合作》[1]，等等。另外，国内学界也开始关注水资源问题，并对相关问题进行了介绍与分析，具体有王庆的《湄公河及其三角洲》[2]，明远的《摩泽尔河的运河化》[3]，竹珊的《尼日尔河三角洲》[4]，等等。

该阶段的水外交研究具有以下几个特点：第一，对水冲突较为严重的河流给予关注并进行研究；第二，从历史学、地理学、人类学等多学科角度探讨了河流水合作、水冲突和水管理的议题；第三，在研究过程中并没有明确提出水外交相关概念、案例，甚至也未直接用到水外交一词；第四，从国际关系视角探讨河流开发和冲突的相关研究较少，也未就冲突对地区的影响进行深入的分析；第五，相对国内研究而言，在此阶段，国外学者分析和解释跨界水资源合作与冲突问题更为深入。总体而言，该阶段的水外交研究为之后的理论开创与案例研究开辟了道路和积累了经验。

（二）第二个阶段：水外交研究的萌芽期（1980—2010 年）

1980 年至 2010 年阶段，区别于上一阶段的显著特征是出现了"水外交"一词，并开始研究具体的水外交实践问题。现在所能查到的最早出现"水外交"一词的文献是 1986 年努尔·伊斯兰·纳赞和穆罕默德·哈马尤恩·卡比尔撰写的《印度与孟加拉国共有河流与水外交》。该文探讨了自 1971 年以来印度与孟加拉国的关系，旱季水流量增大，河流变小，以及双方的相关政策选择等议题。[5] 此后，关于水外交的研究文章日渐增多。例如，1999 年，瑟亚·萨贝迪撰写了《在南亚的水外交：马哈卡里河条约与恒河条约的结局》[6]；2000 年，伯特伦·斯佩克特撰写了《促进水外交：寻找谈判的

---

[1]　Virginia Morsey Wheeler, "Co-Operation for Development in the Lower Mekong Basin," *American Journal of International Law* 64, no. 3 (1970):594-609.

[2]　王庆：《湄公河及其三角洲》，《世界知识》1963 年第 12 期。

[3]　明远：《摩泽尔河的运河化》，《世界知识》1964 年第 12 期。

[4]　竹珊：《尼日尔河三角洲》，《世界知识》1964 年第 19 期。

[5]　Nurul Islam Nazem and Mohammad Humayan Kabir, *Indo-Bangladeshi Common Rivers and Water Diplomacy* (Dhaka: Bangladesh Institute of International and Strategic Studies, 1986).

[6]　Surya Subedi, "Hydro-Diplomacy in South Asia: The Conclusion of the Mahakali and Ganges River Treaties," *The American Journal of International Law* 93, no. 4 (1999):953-962.

情境激励》[①]；2004 年，马尔瓦·多迪撰写了《水外交下的叙利亚与土耳其（1962—2003）》[②]；2005 年，阿毗采·顺金达撰写了《澜沧江—湄公河流域的水外交：前景与挑战》[③]，扎伊丁·卡拉夫撰写了《中亚的水外交》[④]；2010 年，印第安纳·明托库瓦撰写了《水外交：探索和调动水资源发展的有效双边伙伴关系》[⑤]，弗兰克·加朗撰写了《全球水资源危机和中国的"水资源外交"》[⑥]。这些研究的详细内容参见本书绪论。

该阶段的水外交研究开始有所发展：第一，在研究跨界水资源问题时出现了"水外交"一词，表明研究者突破了原有视角，以一种新的角度进行解读和分析；第二，水外交问题涵盖范围较广，包括了东南亚、南亚、中亚、西亚、非洲等地区，还出现了专门探讨中国水外交的文章；第三，该阶段的水外交研究处在对具体实际问题的对策提出与问题解决阶段，虽然有极少数研究成果涉及水外交方法讨论，但并不能代表该阶段的发展主流与特色；第四，国外水外交研究成果日渐增多，但就如何运用水外交防止水权益被绑架，降低在对象国社会层面的影响，以及塑造国家信誉和提升区域合作关系等角度的探讨并不多。而国内学界在此阶段仍主要从地理学、历史学、国际法等角度来分析和研究跨界水资源问题。

---

① Bertram Spector, "Motivating Water Diplomacy: Finding the Situational Incentives to Negotiate," *International Negotiation* 5, no.2 (2000):223-236.

② Marwa Daoudy, "Syria and Turkey in Water Diplomacy (1962-2003)," in Fathi Zereini and Wolfgang Jaeschke, eds., *Water in the Middle East and in North Africa: Resources, Protection and Management* (Berlin: Springer, 2004), pp.319-332.

③ Apichai Sunchindah, "Water Diplomacy in the Lancang-Mekong River Basin: Prospects and Challenges" (paper represented at the Workshop on the Growing Integration of Greater Mekong Sub-regional ASEAN States in Asian Region, Yangon, Myanmar, September 2005), pp. 20-21.

④ Zainiddin Karaev, "Water Diplomacy in Central Asia," *Middle East Review of International Affairs* 9, no. 1 (2005):63-69.

⑤ Indianna D. Minto-Coy, "Water Diplomacy: Effecting Bilateral Partnerships for the Exploration and Mobilization of Water for Development," in UNESCO, ed., *Integrated Water Resources Management and the Challenges of Sustainable Development: IHP-VII Series on Groundwater No.4* (Paris: UNESCO, 2012), pp.473-480.

⑥ 弗兰克·加朗：《全球水资源危机和中国的"水资源外交"》，《和平与发展》2010 年第 3 期。

（三）第三个阶段：水外交研究的发展期（2011 年至今[①]）

在这一阶段，水外交研究开始蓬勃发展，在理论研究、实践研究、国际组织与国家的政策研究等方面都空前活跃，真正意义上进入了"水外交时代"。

1. 在学术研究方面，国内外学界开始对水外交的理论与具体实践问题进行分析

首先，国内外学界围绕水外交理论体系与方法展开了探讨。在国外学界，2011 年有保罗·威廉姆斯的《土耳其水外交：理论探讨》[②]，鲁宾·范·甘德伦和贾恩·鲁德的《水外交：对于荷兰是利基外交？》[③]，玛格达·希夫尼的《水外交：在阿拉伯地区加强水和平与可持续性的工具》[④]。2012 年有劳伦斯·苏斯金德和沙菲克·伊斯兰的《水外交：在跨界水资源谈判中创造价值与建立信任》[⑤]。2013 年有沙菲克·伊斯兰和劳伦斯·苏斯金德的《水外交：一种管理复杂水网络的协调方式》[⑥]。2014 年有本杰明·波尔等人的《水外交的崛起：加强跨界水资源外交政策》[⑦]，加内什·潘加雷的《水

---

① 本书的统计分析截至 2019 年。

② Paul A. Williams, "Turkey's Water Diplomacy: A Theoretical Discussion," in Annika Kramer et al., eds., *Turkey's Water Policy: National Frameworks and International Cooperation* (Berlin: Springer, 2011), pp.197-214.

③ Ruben Van Genderen and Jan Rood, "Water Diplomacy: A Niche for the Netherlands?" (Netherlands Institute of International Relations "Clingendael", Netherlands Ministry of Foreign Affairs and the Water Governance Center, 2011).

④ Magdy A. Hefny, "Water Diplomacy: A Tool for Enhancing Water Peace and Sustainability in the Arab Region" (paper represented at the Second Arab Water Forum Theme 3: "Sustainable and Fair Solutions for the Trans-boundary Rivers and Groundwater Aquifers", Cairo, November, 2011).

⑤ Lawrence Susskind and Shafiqul Islam, "Water Diplomacy: Creating Value and Building Trust in Transboundary Water Negotiations," *Science & Diplomacy* 1, no. 3 (2012):1-7.

⑥ Shafiqul Islam and Lawrence E. Susskind, *Water Diplomacy: A Negotiated Approach to Managing Complex Water Networks* (New York: RFF Press, 2013).

⑦ Benjamin Pohl et al., "The Rise of Hydro-Diplomacy: Strengthening Foreign Policy for Transboundary Waters" (Berlin, Adelph, 2014).

外交：共享跨界水资源》[①]。2015 年有沙菲克·伊斯兰和阿曼达·雷佩拉
的《水外交：一种管理复杂水问题的协调方式》[②]、劳拉·里德和玛格
丽特·加西亚的《水外交：来自跨学科研究生群体的视角》[③]、马赫迪·扎
哈米等的《结合合作博弈的非线性区间参数规划：运用水外交框架阐释水
分配不确定性的工具》[④]、查尔斯·范里斯和迈克尔·里德的《鸭子视角
下的水外交：野生动植物作为水资源管理的利益相关者》[⑤]。2016 年有帕
特里克·亨特斯等的《多轨水外交框架：推进共享水资源合作的法律和政
治经济分析》[⑥]。2017 年，沙菲克·伊斯兰与卡韦赫·迈达尼发表了《实
施中的水外交：管理复杂水问题的权变方式》[⑦]。2018 年，图乌拉·洪科内
纳和安努卡·利波宁发表了《芬兰在管理跨界水资源的合作和联合国欧洲
经济委员会的〈有效联合机构原则〉：水外交的价值？》[⑧]，阿努拉克·基
蒂克霍恩和丹尼斯·米歇尔·斯陶布利发表了《湄公河的水外交和冲突管理：

---

① Ganesh Pangare (ed.), "Hydro Diplomacy: Sharing Water across Borders" (New Delhi, Academic Foundation, 2014).

② Shafiqul Islam and Amanda C. Repella, "Water Diplomacy: A Negotiated Approach to Manage Complex Water Problems," *Journal of Contemporary Water Research & Education* 155, no. 1 (2015):1-10.

③ Laura Read and Margaret Garcia, "Water Diplomacy: Perspectives from a Group of Interdisciplinary Graduate Students," *Journal of Contemporary Water Research and Education* 155, no.1 (2015):11-18.

④ Mahdi Zarghami et al., "Nonlinear Interval Parameter Programming Combined with Cooperative Games: A Tool for Addressing Uncertainty in Water Allocation Using Water Diplomacy Framework," *Water Resources Management* 29, no. 12 (2015):4285-4303.

⑤ Charles van Rees and J. Michael Reed, "Water Diplomacy from a Duck's Perspective: Wildlife as Stakeholders in Water Management," *Journal of Contemporary Water Research & Education* 155, no. 1 (2015):28-42.

⑥ Patrick Huntjens et al., "The Multi-track Water Diplomacy Framework: A Legal and Political Economy Analysis for Advancing Cooperation over Shared Waters" (The Hague Institute for Global Justice, 2016).

⑦ Shafiqul Islam and Kaveh Madani (eds.), *Water Diplomacy in Action: Contingent Approaches to Managing Complex Water Problems* (London and New York: Anthem Press, 2017).

⑧ Tuula Honkonena and Annukka Lipponen, "Finland's Cooperation in Managing Transboundary Waters and the UNECE Principles for Effective Joint Bodies: Value for Water Diplomacy?" *Journal of Hydrology* 567 (2018):320-331.

从竞争到合作》[1]，夏洛特·格雷 – 马丁等发表了《跨层次谈水资源：水外交的和平与冲突"工具箱"》[2]，苏珊娜·施迈尔和扎基·舒伯发表了《锚定水外交——国际流域组织的法律性质》[3]，赞德沃特发表了《通过规划方法的适应性处理不确定性：比较自适应增量管理和水外交框架》[4]。2019 年有娜塔莎·卡米等的《赋予妇女水外交权力：巴勒斯坦、黎巴嫩和约旦挑战的基本图谱》[5]。

在国内学界，2014 年有张励的《水外交：中国与湄公河国家跨界水合作及战略布局》[6]。2015 年有郭延军的《"一带一路"建设中的中国周边水外交》[7]。2017 年有廖四辉等的《水外交的概念、内涵与作用》[8]。2018 年有水利部国际经济技术合作交流中心编著的《跨界水合作与发展》[9]，张林若等的《水外交框架在解决跨界水争端中的应用》[10]，等等。

其次，国内外学界关于具体水外交问题进行了研究，主要就东南亚、南亚、西亚、中亚、非洲、欧洲、北美，乃至全球范围的整体水外交问题

---

[1]　Anoulak Kittikhoun and Denise Michèle Staubli, "Water Diplomacy and Conflict Management in the Mekong: From Rivalries to Cooperation," *Journal of Hydrology* 567 (2018):654-667.

[2]　Charlotte Grech-Madin et al., "Negotiating Water across Levels: A Peace and Conflict 'Toolbox' for Water Diplomacy," *Journal of Hydrology* 559 (2018):100-109.

[3]　Susanne Schmeier and Zaki Shubber, "Anchoring Water Diplomacy—The Legal Nature of International River Basin Organizations," *Journal of Hydrology* 567 (2018):114-120.

[4]　M. Zandvoort, M. J. van der Vlist and A. van den Brink, "Handling Uncertainty through Adaptiveness in Planning Approaches: Comparing Adaptive Delta Management and the Water Diplomacy Framework," *Journal of Environmental Policy & Planning* 20, no.2 (2018):183-197.

[5]　Natasha Carmi et al., "Empowering Women in Water Diplomacy: A Basic Mapping of the Challenges in Palestine, Lebanon and Jordan," *Journal of Hydrology* 569 (2019):330-346.

[6]　张励：《水外交：中国与湄公河国家跨界水合作及战略布局》，《国际关系研究》2014 年第 4 期。

[7]　郭延军：《"一带一路"建设中的中国周边水外交》，《亚太安全与海洋研究》2015 年第 2 期。

[8]　廖四辉、郝钊、金海、吴浓娣、王建平：《水外交的概念、内涵与作用》，《边界与海洋研究》2017 年第 2 卷第 6 期。

[9]　水利部国际经济技术合作交流中心：《跨界水合作与发展》，社会科学文献出版社，2018，第 316—319 页。

[10]　张林若、陈霁巍、谷丽雅、侯小虎：《水外交框架在解决跨界水争端中的应用》，《边界与海洋研究》2018 年第 3 卷第 5 期。

展开了探讨与分析。在国外，2011 年，玛格达·希夫尼发表了《水外交：在阿拉伯地区加强水和平与可持续性的工具》[1]。2013 年，内奥米·莱特发表了《（南加州大学）公共外交中心有关公共外交的观点：水外交中的案例》[2]。2015 年，丹尼尔·麦克法兰发表了《流域决策：圣劳伦斯海道和次国家水外交》[3]，艾瑟甘尔·基巴罗格卢发表了《土耳其水外交及其相对国际水法不断变化的立场分析》[4]。2016 年，佐勒菲卡尔·海尔波多发表了《水外交：在南亚的跨界冲突、谈判与合作》[5]。2018 年，阿努拉克·基蒂克霍恩和丹尼斯·米歇尔·斯陶布利发表了《湄公河的水外交和冲突管理：从竞争到合作》[6]，阿纳米卡·巴鲁阿发表了《水外交作为南亚区域合作的一种方式：以布拉马普特拉河流域为例》[7]，安田由美子等发表了《多轨水外交：布拉马普特拉河流域当前和未来潜在的合作》[8]，等等。

在国内，2015 年，张励与卢光盛发表了《"水外交"视角下的中国和下湄公河国家跨界水资源合作》[9]，郭延军发表了《"一带一路"建设中的

[1] Magdy A. Hefny, "Water Diplomacy: A Tool for Enhancing Water Peace and Sustainability in the Arab Region" (paper represented at the Second Arab Water Forum Theme 3: "Sustainable and Fair Solutions for the Trans-boundary Rivers and Groundwater Aquifers", Cairo, November 2011), p. 20.

[2] Naomi Leight (ed.), *CPD Perspectives on Public Diplomacy: Cases in Water Diplomacy* (Los Angeles: Figueroa Press, 2013).

[3] Daniel Macfarlane, "Watershed Decisions: the St. Lawrence Seaway and Sub-national Water Diplomacy," *Canadian Foreign Policy Journal* 21, no.3 (2015):212-223.

[4] Aysegül Kibaroglu, "An Analysis of Turkey's Water Diplomacy and Its Evolving Position vis-à-vis International Water Law," *Water International* 40, no. 1 (2015):153-167.

[5] Zulfiqar Halepoto (ed.), *Water Diplomacy: Transboundary Conflict, Negotiation & Cooperation in South Asia* (Karachi: HANDS, 2016).

[6] Anoulak Kittikhoun and Denise Michèle Staubli, "Water Diplomacy and Conflict Management in the Mekong: From Rivalries to Cooperation," *Journal of Hydrology* 567 (2018):654-667.

[7] Anamika Barua, "Water Diplomacy as an Approach to Regional Cooperation in South Asia: A Case from the Brahmaputra Basin," *Journal of Hydrology* 567 (2018):60-70.

[8] Yumiko Yasuda et al., "Multi-track Water Diplomacy: Current and Potential Future Cooperation over the Brahmaputra River Basin," *Water International* 43, no.5 (2018):642-664.

[9] 张励、卢光盛：《"水外交"视角下的中国和下湄公河国家跨界水资源合作》，《东南亚研究》2015 年第 1 期。

中国周边水外交》[①]。2017 年，郭延军发表了《"一带一路"建设中的中国澜湄水外交》[②]，邢伟发表了《欧盟介入中亚水外交的目的、路径与挑战》和《欧盟的水外交：以中亚为例》[③]，刘博等发表了《美国水外交的实践与启示》[④]，张瑞金等发表了《"一带一路"背景下中国周边水外交战略思考》[⑤]，杨泽川等发表了《大数据时代下的中国水外交》[⑥]，王建平等发表了《深入开展水外交合作的思考与对策》[⑦]。2018 年，李志斐发表了《美国的全球水外交战略探析》[⑧]，肖阳发表了《中国水资源与周边"水外交"——基于国际政治资源的视角》[⑨]，刘博与陈霁巍发表了《埃塞俄比亚关于尼罗河水外交的实践与启示》[⑩]，涂亦楠等发表了《基于"水外交"视角浅论我国与湄公河流域国家的盐差能开发与合作》[⑪]，高阳发表了《以色列水外交政策研究》[⑫]，等等。

2. 全球各大研究机构围绕水外交召开了专门的学术会议，甚至开设

----

① 郭延军：《"一带一路"建设中的中国周边水外交》，《亚太安全与海洋研究》2015 年第 2 期。

② 郭延军：《"一带一路"建设中的中国澜湄水外交》，《中国—东盟研究》2017 年第 2 期，第 57—67 页。

③ 邢伟：《欧盟介入中亚水外交的目的、路径与挑战》，《新疆社会科学》2017 年第 2 期；邢伟：《欧盟的水外交：以中亚为例》，《俄罗斯东欧中亚研究》2017 年第 3 期。

④ 刘博、张长春、杨泽川、沈可君：《美国水外交的实践与启示》，《边界与海洋研究》2017 年第 2 卷第 6 期。

⑤ 张瑞金、张欣、樊彦芳、杨泽川：《"一带一路"背景下中国周边水外交战略思考》，《边界与海洋研究》2017 年第 2 卷第 6 期。

⑥ 杨泽川、匡洋、于兴军：《大数据时代下的中国水外交》，《水利发展研究》2017 年第 2 期。

⑦ 王建平、金海、吴浓娣、廖四辉、刘登伟、李发鹏：《深入开展水外交合作的思考与对策》，《中国水利》2017 年第 18 期。

⑧ 李志斐：《美国的全球水外交战略探析》，《国际政治研究》2018 年第 3 期。

⑨ 肖阳：《中国水资源与周边"水外交"——基于国际政治资源的视角》，《国际展望》2018 年第 3 期。

⑩ 刘博、陈霁巍：《埃塞俄比亚关于尼罗河水外交的实践与启示》，《战略决策研究》2018 年第 1 期。

⑪ 涂亦楠、Rafael M. Plaza：《基于"水外交"视角浅论我国与湄公河流域国家的盐差能开发与合作》，《安全与环境工程》2018 年第 25 卷第 2 期。

⑫ 高阳：《以色列水外交政策研究》，《郑州铁路职业技术学院学报》2018 年第 4 期。

了对应专业，培养水外交人才，进一步深化水外交研究。具体体现在三个方面：

首先，召集水外交学术会议。例如，美国著名的塔夫茨大学从 2011 年起，每年 6 月举办水外交研讨会。2009 年，阿拉伯水资源研究院（Arab Water Academy）组织了水外交项目并表示，在水外交领域构建效率是关键。[①] 2012 年 2 月，南加州大学戴维森会议中心举行了"水外交：亟须的外交政策"会议，来自世界银行、美国陆军工程兵团、美国战略与国际研究中心、哈佛法学院的专家与会。2012 年 4 月，有关水安全与危机的会议在牛津大学和华盛顿等地相继召开。2012 年 10 月，世界自然保护联盟举办了"水外交：共享跨界水资源的工具"国际会议，来自世界各地的 120 多位外交官、政治学者、经济学家、水资源学者与其他相关专家共同探讨了水外交的复杂性。[②]

其次，设置水外交专业与培养人才。美国塔夫茨大学开设了水外交研究中心并招收水外交方向的博士研究生。美国南加州公共外交研究中心开设了水外交研究方向，把它视为公共外交之一来进行研究。

最后，相关国际组织与国家从政策层面推动水外交的研究工作。例如，2011 年，联合国呼吁推进水外交政策[③]、联合国训练研究所专门开设"水外交入门"在线课程[④]。2016 年 11 月 22 日，联合国安理会举行了有关水议题的公开辩论。与会者对水稀缺与世界各地人口增长之间的辩证关系和作为冲突诱因的水问题以及在武装冲突中保护这一基本资源的必要性发表了各自的观点。安理会认为，要推动水外交并强调水在维持和平与安全中的特

---

①　Al Bowardi, "Building Efficiencies in the Field of Water Diplomacy Is Critical," *McClatchy - Tribune Business News*, October 13, 2009.

②　Ganesh Pangare and Bushra Nishat, "Perspectives on Hydro-Diplomacy," in Ganesh Pangare, ed., *Hydro Diplomacy: Sharing Water across Borders* (New Delhi: Academic Foundation, 2014), p. 3.

③　《联合国呼吁推进"水外交"政策》，福布斯中文网，2011 年 3 月 25 日，http://www.forbeschina.com/review/201103/0008356.shtml，访问日期：2016 年 12 月 15 日。

④　"Introduction to Water Diplomacy," United Nations Institute for Training and Research, accessed December 15, 2016, http://www.unitar.org/event/introduction-water-diplomacy.

殊作用。① 2012 年，印度提议对中国开展"次区域水外交"，其中一个观点就是印度可以利用东南亚一带活跃的民间社会网络突出农村流域社区的共同担忧，并与中国开展次区域对话来解决跨界水问题。② 2013 年，欧盟提出将水外交纳入外交政策议程，意欲加强自身在水外交中的作用，并将水外交作为其对外关系战略的一部分。③ 2013 年，瑞士也提出在关键跨界热点地区的水外交与水治理。④

　　总体来说，该阶段的水外交研究已经达到了理论与案例并举，学术与实践共进的层面。第一，从研究内容来看，国内外对于水外交的理论研究开始兴起，案例研究进一步增多。第二，从研究平台来看，不仅有论著、报告等形式，还有专门的学术交流与培训等形式。第三，从研究实际运用来看，国际组织与部分国家已经开始将水外交运用到具体的跨界水资源管理与外交实践。

三、水外交的定义

（一）国内外学界对水外交的定义探索与特点分析

　　水外交研究进入第三阶段后，已经有学者开始对水外交的理论体系进行探讨，并涉及水外交的定义。到目前为止，国内外学界对水外交的定义进行了一些探讨。沙菲克·伊斯兰认为，"水外交是一个新兴的水资源管理框架。它的运作模式是先就复杂水问题进行谈判并最终制定决策"⑤。印第安纳·明托库瓦认为，"水外交是通过谈判、交易和交换途径来缓和并解

---

① 《安理会推动"水外交"强调水在维持和平与安全中的特殊作用》，联合国官网，2016 年 11 月 26 日，http://www.un.org/chinese/News/story.asp?NewsID=27148，访问日期：2016 年 12 月 15 日。

② 《印度提议对华开展"次区域水外交"》，新华网，2012 年 12 月 27 日，http://news.xinhuanet.com/world/2012-12/27/c_124156187.htm，访问日期：2016 年 12 月 15 日。

③ "EU: 'Water Diplomacy' Will Join Foreign Policy Agenda," Oxford Analytica Daily Brief Service, September 25, 2013.

④ "Switzerland: Water Diplomacy and Governance in Key Transboundary Hot Spots," MENA Report, April 27, 2013.

⑤ Shafiqul Islam and Lawrence E. Susskind, *Water Diplomacy: A Negotiated Approach to Managing Complex Water Networks* (New York: RFF Press, 2013).

决国家间水资源准入及使用冲突的一种方式"①。鲁宾·范·甘德伦和贾恩·鲁德认为，"水外交可以被广义地定义为（非）国家行为体和至少一个国家或政府间国际组织在湖泊、河流和含水层盆地等跨界淡水资源上的联系"②。加内什·潘加雷和布什拉·西沙特（Bushra Nishat）认为，"水外交是一种动态方式，只有当水合作的共同利益能为沿岸国都带来可接受的利益时才能发挥功效"③。马尔科·凯斯基宁等人认为，"水外交不能建立在某些预先设定的流程之上，而应该被视为一个具有一些共同特征的一般性方式"④。拉马斯瓦米·耶（Ramaswamy R. Iyer）认为，"外交学分类下并没有一个叫水外交的分支。外交就是外交，不管其解决的内容到底是边境争端、水资源相关争端，还是贸易相关问题或者其他两国间的问题等。水外交是一个模糊术语。它可以指专门解决与水有关问题的外交，也可以指用水作为筹码和工具的外交"⑤。亚历杭德罗·伊扎（Alejandro Iza）认为，"水外交是一种实施有效水资源管理的工具"⑥。保罗·威廉姆斯认为，"水外交是指负责协商解决有关共有河流争议问题的不同国家代表进行明确和有目的

---

① Indianna D. Minto-Coy, "Water Diplomacy: Effecting Bilateral Partnerships for the Exploration and Mobilization of Water for Development," in UNESCO, ed., *Integrated Water Resources Management and the Challenges of Sustainable Development: IHP-VII Series on Groundwater No.4* (Paris: UNESCO, 2012), pp.473-480.

② Ruben Van Genderen and Jan Rood, "Water Diplomacy: A Niche for the Netherlands?" (Netherlands Institute of International Relations "Clingendael", Netherlands Ministry of Foreign Affairs and the Water Governance Center, 2011), p. 10.

③ Ganesh Pangare and Bushra Nishat, "Perspectives on Hydro-Diplomacy," in Ganesh Pangare, ed., *Hydro Diplomacy: Sharing Water across Borders* (New Delhi: Academic Foundation, 2014), p. 3.

④ Marko Keskinen et al., "Water Diplomacy: Bringing Diplomacy into Water Cooperation and Water into Diplomacy," in Ganesh Pangare, ed., *Hydro Diplomacy: Sharing Water across Borders* (New Delhi: Academic Foundation, 2014), p. 35.

⑤ Ramaswamy R. Iyer, "Hydro-diplomacy for Hydro-harmony," in Ganesh Pangare, ed., *Hydro Diplomacy: Sharing Water across Borders* (New Delhi: Academic Foundation, 2014), p. 75.

⑥ Alejandro Iza, "Hydro-Diplomacy: The Political, Normative and Institutional Dimensions," in Ganesh Pangare, ed., *Hydro-Diplomacy: Sharing Water across Borders* (New Delhi: Academic Foundation, 2014), p. 117.

的沟通"①。玛格达·希夫尼认为,"水外交是外交的一个分支,被用来解决国家间有关水资源问题的双边与多边谈判。水外交涉及对话、谈判以及调节沿岸国家利益的冲突。同时,它还跟国家的制度能力与权力政治有关"②。内奥米·莱特认为,"水外交是各国际行为体为援助水资源紧张地区的一种方式。该行为方式也可以反过来改善与外国公众的关系"③。图乌拉·洪科内纳和安努卡·利波宁认为,"水外交可以广义地理解为国家之间和国家内部为防止或和平解决有关水资源获得、使用和分配冲突方面的措施。该概念本质上是预防性的并提供解决冲突的方法"④。

张励认为,水外交包含"防守型"与"进攻型"两层含义:从防守含义来看,水外交是某一国家通过各种外交方式和举措来促进本国和其他国家间水合作项目的顺利开发与合作;从进攻含义来看,水外交是某一国家制衡他国的特殊手段,即以水权利、水资源、水谈判等作为工具服务于国家对外的整体战略。同时,水外交是"一国政府为确保跨界水资源开发与合作中的利益,通过外交方式(涵盖技术和社会层面的举措)来解决跨界水合作问题的行为"⑤。郭延军认为,"水外交,广义上指的是国家以及相关行为体围绕水资源问题展开的涉外活动,狭义上指的是国家以及相关行

---

① Paul A. Williams, "Turkey's Water Diplomacy: A Theoretical Discussion," in Annika Kramer et al., eds., *Turkey's Water Policy: National Frameworks and International Cooperation* (Berlin: Springer, 2011), pp. 197-214.

② Magdy A. Hefny, "Water Diplomacy: A Tool for Enhancing Water Peace and Sustainability in the Arab Region" (paper represented at the Second Arab Water Forum Theme 3: "Sustainable and Fair Solutions for the Trans-boundary Rivers and Groundwater Aquifers," Cairo, November 2011), p.20.

③ Naomi Leight (ed.), *CPD Perspectives on Public Diplomacy: Cases in Water Diplomacy* (Los Angeles: Figueroa Press, 2013).

④ Tuula Honkonena and Annukka Lipponen, "Finland's Cooperation in Managing Transboundary Waters and the UNECE Principles for Effective Joint Bodies: Value for Water Diplomacy?" *Journal of Hydrology* 567 (2018):320.

⑤ 张励:《水外交:中国与湄公河国家跨界水合作及战略布局》,《国际关系研究》2014 年第 4 期,第 28 页。

为体围绕跨界水资源或国际河流水资源问题展开的涉外活动"①。廖四辉等认为，"从国际组织、国家和学者关于水外交的阐述来看，水外交可分为传统、常规、广义水外交三种定义，与'传统''常规''广义'外交相对应。传统水外交特指通过谈判、交易和合作等途径来解决跨界河流问题的方式。常规水外交是指以水合作、水谈判、水援助、水交换等作为手段服务于国家对外整体战略。广义水外交是以'水'为核心在政治、经济、技术、政策等方面的对外交流与合作，包括以'水'为手段服务外交目的，以及利用外交手段实现'水'领域国家利益，是领域外交的一种"②。

国内外学者从不同角度对水外交进行了阐释，并对水外交的性质、实施主体、实施方式的特点进行了探讨。第一，关于水外交的性质。现有对水外交的定义，多从外交视角出发进行考量。尽管对于水外交是否属于外交的一个分支有所分歧（玛格达·希夫尼认为水外交是外交的一个分支，而拉马斯瓦米·耶则认为不是），但总体而言是将其放在外交的属性下进行定义的。第二，关于水外交的实施主体。水外交的实施主体在水外交的定义中略有不同，大多数研究人员多从国家的视角出发进行考虑。但鲁宾·范·甘德伦、贾恩·鲁德、内奥米·莱特等学者认为，水外交的主体不仅包含国家，还包括非国家行为体（或称之为其他国际行为体）。这极大地扩大了水外交的实施主体范围。第三，关于水外交实施方式的特点。从对水外交的定义来看，主要可以分为两类。第一类具有较强的固定意味。水外交具有一定的管理、分析与政策提出的逻辑与模式。第二类则具有灵活多变的特性。水外交是动态的，不能设立某些预先设定的流程，是一种一般性的方式。持有这种观点的代表有加内什·潘加雷、布什拉·西沙特、马尔科·凯斯基宁等人。③

---

① 郭延军：《"一带一路"建设中的中国周边水外交》，《亚太安全与海洋研究》2015 年第 2 期，第 84 页。

② 廖四辉、郝钊、金海、吴浓娣、王建平：《水外交的概念、内涵与作用》，《边界与海洋研究》2017 年第 2 卷第 6 期，第 75 页。

③ Marko Keskinen et al., "Water Diplomacy: Bringing Diplomacy into Water Cooperation and Water into Diplomacy," in Ganesh Pangare, ed., *Hydro Diplomacy: Sharing Water across Borders* (New Delhi: Academic Foundation, 2014), p. 35.

（二）水外交的定义

上述研究已经从不同角度对水外交的定义进行了分析和阐述，但其中一些内容值得商榷。

本书认为，水外交是外交的分支，这是确定水外交定义的前提基础。它具有一般外交的属性、功能、特征，也具有一般意义上外交目的的指向，即增进国家间良好关系、合作、和平与繁荣。

在此基础上，要对水外交做出具体的界定，还需要先明确其宏观指向，再确定所对应的具体微观操作方式。首先，从宏观指向来看，水外交包含"防守型"与"进攻型"两层含义：从防守指向来看，水是某一国家外交实施的最终目的，即通过各种外交方式和举措来促进本国和其他国家间水合作项目的顺利开发与合作；从进攻指向来看，水是某一国家制衡他国的特殊手段，即以水权利、水资源、水项目等作为工具服务于国家的某一对外战略目的。[①]"防守型"的水外交是水外交的初始与根本，而"进攻型"的水外交则是水外交的演化与功能延伸。

其次，在明确具体宏观指向后，还要就实施主体、实施目的、实施路径以及实施原则四个主要内容进行确定。第一，实施主体。一般是某一国的政府或者某一政府间国际组织。第二，实施目的。从抽象角度来说，即满足水资源开发需求与水地缘战略利益。从具体角度来看，水资源开发需求包括地缘上有跨界河流关系的水合作项目、在地缘上没有跨界河流关系的水合作项目（例如开通某国的航道、投资水利设施等）和"虚拟水"[②]。水战略利益包括水资源权利的管控、水地缘秩序的建设、水管理意识的传播等。第三，实施路径。实施路径既包括政治沟通、经济合作、机制建设等传统方式，也包括围绕水技术、水社会层面展开的举措。第四，实施原则。

---

① 张励：《水外交：中国与湄公河国家跨界水合作及战略布局》，《国际关系研究》2014年第4期，第28页。

② "虚拟水"有两种含义：一是每个产品都与一定数量的水相关，虽然看不到，但对生产该产品来说必不可少；二是虚拟水的进出口将对该国水资源状况产生影响，进口是产生积极影响，出口则产生负面影响。也可以称之为"软水产品"。

实施原则应讲究灵活多变。在具体水合作开展与水冲突解决过程中，在把握一定的实施规则与路径的基础上，可以根据目标的不断变化、形势的改变，做出相应的调整。

综上，本书尝试将水外交定义如下：一国政府或政府间国际组织为确保跨界水资源开发需求或水地缘战略利益，通过传统方式和技术方式与另一（多）国或政府间国际组织展开的一种灵活多变的活动。

四、水外交的内涵

国内外学界对水外交的构成进行了探讨，虽然也涉及原则、内容构成等，但多集中于水外交分析架构的搭建、具备功能的识别，以外在问题为导向，更多地将其视为一种工具以探究分析其对外实施的路径。以上这些是水外交理论体系的重要构成，也是一种实施分析模式与实施策略，但仅把握这些是远远不够的，只有在对水外交的核心、属性、合法性等内在体系进行探索、了解、构建的基础上，才能更好地把握与指导分析框架的构建与具体路径的实施。

（一）水外交的核心

水外交的核心是水权。此处的水权是指国家水权，即国际流域各国对在其领土内的流域之一部分及其水资源享有的永久主权以及相关权利，是自然资源永久主权原则的体现，而并非指国内水法中的水权（即水资源所有权，主要是指水资源所有权、使用权等与水资源有关的权利的总称）。[1]在对水外交的具体水权性质和内容做探讨前，需要先对水权的不同派别与功能做简要分析。

在有关国家水权的探讨中有几种不同的观点。第一，绝对领土主权理论主张国际河流的上游沿岸国家在利用其境内河段时不受任何限制，也不必考虑对下游国家所造成的影响。第二，绝对领土完整理论（又称自然水

---

① 何艳梅：《中国跨界水资源利用和保护法律问题研究》，复旦大学出版社，2013，第31页。

流论）强调必须保持水流的自然状态，认为水流是国家领土的组成部分，对水流的任何改变都意味着侵犯领土的完整性。第三，先占用主义理论认为，以首先利用跨界水资源的国家为主，即保护先前已存在的利用者。第四，限制领土主权理论认为，国家在行使自身的主权时，应以不损害他国的主权和利益为限。主权只能是相对的，国家不能总是为所欲为，主权应或多或少地受到限制。第五，共同利益理论超越了国家行政界线和主权要求，将整个国际流域视为统一的地理、经济和生态单元，将国际流域水资源作为流域各国共享的资源，认为国际流域各国对该国际流域享有共同利益，要求流域各国树立利益共同体意识，强调国际合作，采用共同管理方式，成立流域联合管理机构，对流域水资源进行综合利用、保护和管理，使整个流域实现最佳和可持续的发展（见表 1.1）。[①]

表 1.1　水权理论派别的条件与功能

派别	绝对领土主权理论	绝对领土完整理论	先占用主义理论	限制领土主权理论	共同利益理论
条件	开发不受任何限制，不必考虑下游影响	不得对水流做任何改变	开发和利用受到时间与实力的限制	开发和利用权利受到沿岸国家约束	树立共同意识，采用共同管理
功能	上游国占绝对优势	下游国对上游国具有否决权	对先开发国、强国有利	沿岸国平等、公平	沿岸国和谐、统一

　　水外交的水权首先应该强调国家在行使自身的主权时，应以不损害他国主权和利益为限，同时逐渐朝着具有共同意识、共同合作、共同管理的水权方向发展。从具体内容来看，水权包括对水资源的管辖权、利用权、分配权和补偿权。第一，管辖权指对本国流域内的水资源具有管理权。第二，利用权指可对水资源进行开发、项目建造、水源管理、保护与污染等。第三，分配权指国家可以把本国的水资源部分功能使用分配转让给他国或者

---

① 杨恕、沈晓晨：《解决国际河流水资源分配问题的国际法基础》，《兰州大学学报（社会科学版）》2009 年第 4 期，第 11 页。

进行交易。第四，补偿权指流域内一国受其他国家水资源开发而造成经济、生态等影响的可以获得补偿。

（二）水外交的基本属性

水外交的基本属性主要包括地域属性、技术属性、社会属性和捆绑属性。第一，水外交的地域属性。地域属性是指水外交的主要实施对象在地缘上一般具有共同河流，地缘影响度高。该属性不适用在地缘上没有跨界河流关系的水合作作用对象。第二，水外交的技术属性。技术属性指水外交需要注重水资源动态信息、水产品技术开发、生态环境影响评估等技术含量较高的执行方式。第三，水外交的社会属性。社会属性是指水外交需要对对象国国内水资源开发政策、区域内的相关水资源管理机构、区域外大国水资源开发竞争、水资源开发沿岸社会民众文化与宗教、水资源非政府组织与媒体行为、国际环境变化等众多社会因素进行关注。第四，水外交的捆绑属性。捆绑属性是指水外交在实施过程中，通过合作成员国间的谈判、协商、妥协等行为促进水资源开发、经济利益提升、国家间关系巩固、区域合作发展，最终形成良好的跨界水资源合作关系并在水资源合作与水冲突解决中掌握主动权。[①]

（三）水外交的合法性

水外交的合法性是水外交得以展开的重要前提。水外交的合法性根据水权的变化有所不同。第一，如果当水权只强调国家自身开发时，应以不损害他国主权和利益为条件。此时，水外交的合法性主要来自本国，但会受流域其他国家的限制。第二，如果当水权强调朝着具有共同意识、共同合作、共同管理的方向发展时，水外交的合法性则来自流域内合作国家的水权让渡。流域内各国通过部分水权让渡，形成专门的跨界河流合作机制及执行机构来进行评判、沟通与管理。同时要指出的是，各国所承担的合法性比例分配并不能简单地按成员国数量平均分配，而是应根据所处的地理位置、

---

① 张励：《水外交：中国与湄公河国家跨界水合作及战略布局》，《国际关系研究》2014 年第 4 期。

河段流经长度、水资源状况、开发能力、周边环境来进行判定、计算、分配对应的比例。

第三节　水外交的功能与绩效评估体系分析

在水外交的研究中，有部分学者对水外交的功能进行了探索。例如，有研究认为，水外交不仅能促进水资源合作，还有助于提升区域安全与稳定、区域融合、贸易关系以及权利的共享。[①] 由此可以看出，水外交不仅能在跨界水资源合作提升、跨界水资源冲突解决等直接与水资源有关的问题上起到重要作用，而且可以在本国对外战略目标的实现、经济关系的发展、区域合作的融合等方面起到关键作用。同时，从另一个方面来看，这些功能也是评判一国或政府间国际组织水外交实施效果的绩效指标。本节主要就水外交的功能与绩效评估体系进行分析，构建起水外交实施效果的具体评估体系，同时为中国与湄公河国家在跨界水资源合作中水外交实施的绩效分析提供理论依据。

一、跨界水资源开发权利维护功能与绩效评估体系

水外交的基本功能是要保证一国（或政府间国际组织）在跨界水资源开发中的开发权利，主要包括两部分。第一，水外交应具有保护一国（或政府间国际组织）在跨界河流本国流域段内的水资源开发权利的功能，即一国（或政府间国际组织）在不影响他国水利益的情况下，借助水外交保护和维持自主开发跨界河流流域内的权利，且不受流域内其他国家（或政府间国际组织）的约束，进行大坝建设、航运建设、渔业发展、

---

① Marko Keskinen et al., "Water Diplomacy: Bringing Diplomacy into Water Cooperation and Water into Diplomacy," in Ganesh Pangare, ed., *Hydro Diplomacy: Sharing Water across Borders* (New Delhi: Academic Foundation, 2014), p. 36.

农业灌溉等。① 第二，水外交应具有保护该国（或政府间国际组织）与流域内其他国家（或政府间国际组织）在非本国流域段内进行水资源开发权利的功能。水外交具有这种保护功能的前提是，流域内各国逐渐朝着共同意识、共同合作、共同管理的跨界水资源开发方向发展，并在各自进行部分水权让渡的情况下（详见本章第二节有关水权探讨的部分），达成对某一流域段内水资源项目进行开发的行动。在此情况下，即使参与方的水资源开发项目并非在其流域段内，但在共同管理且契约达成的背景下，水外交也应保护该方在该项目的跨界水资源开发中权利的正常实施。

因此，在对一国（或政府间国际组织）的水外交跨界水资源开发权利维护功能进行绩效评估时，可依据两个指标。第一，该国（或政府间国际组织）在本流域段内或者与他方合作项目中其开发权利是否得到保障，即在不影响其他流域段内的情况下，开发水资源的功能能否得到全部展开。第二，在受到流域内其他国家（或政府间国际组织）、域外国家（或政府间国际组织）、非政府组织等的负面策略影响下，该国（或政府间国际组织）在本流域段内或者与他方合作项目中跨界水资源开发项目是否能够展开，抑或有所制约甚至完全退让。

二、经贸关系发展功能与绩效评估体系

水外交的经贸关系发展功能主要包括四个方面。第一，水外交具有保障一国（或政府间国际组织）水经济发展的功能。通常来说，水资源的开发源于经济利益的需求。因此，一国（或政府间国际组织）在进一步拓展域内的水利设施建设、航运发展、水产品开发，以及提升和繁荣自身区域内经济水平的同时，必然要借助水外交将外在干扰因素减至最小，获得其他流域段国家的认可甚至支持。第二，水外交具有降低本国（或政府间国

---

① 与他国或政府间国际组织进行水权利分配交易的情况除外。因为在此情况下，一方必然会对另一方水资源开发造成影响，但受损方可以从对方获得补偿，这是双方事先共同的约定。

际组织）在他方流域内水资源项目投资风险的功能。水外交要降低企业"走出去"的项目风险，提高企业自身的社会责任，同时要在因他方单方面搁置项目及毁约的情况下予以调节和采取应急措施。第三，水外交具有提升双边贸易水平的功能。一国（或政府间国际组织）通过水外交与流域内其他国家（或政府间国际组织）达成协议，一同扩展河流的航运贸易建设、水利设施建设、渔业发展、农业灌溉、水项目设备的技术合作和转让等，从而增加双方在水资源方面的项目合作，拓宽合作领域，提升合作质量。第四，水外交具有提升区域经济水平的功能。流域内的国家（或政府间国际组织）可以通过水外交形成良好的水互动、水贸易，促进本国水经济的发展，并提升流域内的整体经济水平，尤其在具有相关地区合作机制或者经济合作机制框架下的区域，其区域经济融合度和经济水平则会上升更快。

因此，在对一国（或政府间国际组织）的水外交经贸关系发展功能进行绩效评估时，可依据四个标准。第一，水外交是否保障了国内（或政府间国际组织区域内）水经济项目的展开，并促进了本流域段内的经济水平提升与当地生活水平的提高。第二，该国（或政府间国际组织）的水外交是否能保障自身企业在他方流域内的水资源投资和项目合作的经济效益。第三，水外交是否有效促进了自身与流域内其他国家（或政府间国际组织）的水经济关系的提升、水项目合作的增加，并使双方或者多方受惠。第四，该国（或政府间国际组织）的水外交是否能有效促进区域整体经济水平的提升以及区域经济的融合。

三、应对域内外水竞争功能与绩效评估体系

水外交的应对域内外水竞争功能主要包括两个方面。第一，应对域内国家或者水组织在河流开发与管理上的水竞争。尽管流域内成员在跨界水资源开发与合作中不一定带有天然的敌对情绪与恶意，但由于流域内不同成员所处河流段位置不同、政治经济技术实力不同、本国开发需求与利益驱使目标不同，必定会在水资源开发上产生竞争。一国（或政府间国际组织）要运用水外交减少恶意水竞争带来的负面影响，朝着良性的水竞争方向发

展。与此同时，如果流域内有地区性水管理组织，那么也会根据组织本身的性质、定位、资金来源等因素对流域内成员进行促进或者遏制，形成成员国与水管理组织的竞争局面。因此，一国（或政府间国际组织）要通过水外交积极与水管理组织进行沟通与交流，使其明白自身的客观环境与需求，形成一个既保证成员正常水资源利用，又有利于区域整体水资源发展的双赢局面。第二，应对域外国家（或政府间国际组织）在流域内的水项目竞争。域外国家（或政府间国际组织）在流域内的水项目竞争表现在两个方面：一是对本流域水资源开发或者合作的竞标，即与流域内其他国家争抢开发项目；二是通过资金、技术、人才培养等方式在流域内的水资源管理和培训上进行投入。对于前者，一国（或政府间国际组织）可运用水外交减少因恶意竞标、具有战略性意图的竞标而产生的地缘政治与经济利益的损失。对于后者，流域内国家（或政府间国际组织）可以借助水外交加强与域外国家沟通，促成共同合作的局面或加强自身在流域内对应的投入。

　　因此，在对一国（或政府间国际组织）的水外交应对域内外水竞争功能进行绩效评估时，可以从四个方面考量。第一，一国（或政府间国际组织）的水外交是否促成了与流域内其他国家的良性竞争开发局面。第二，该国（或政府间国际组织）的水外交是否能与流域内的水管理组织形成良性的合作关系，减少不必要的竞争冲突。第三，该国（或政府间国际组织）能否在应对外来恶意竞标和投资的情况下保证自身的水利益。第四，一国（或政府间国际组织）的水外交能否具备在资金、技术、人才培养等方面进行有效投入并与域外国家形成共同合作的能力。

四、调控水舆情功能与绩效评估体系

　　水外交的调控水舆情功能主要包括两方面。第一，一国（或政府间国际组织）具有调节舆情的主动性。一国（或政府间国际组织）运用水外交能起到在国际水舆情中传播自身水外交思想与跨界水治理理念的作用，让流域内其他成员以及相关的水资源管理机构、环境评估机构、非政府组织了解本国的跨界水资源合作背后的意图，避免不必要的曲解与误读。第二，一国（或政府间国际组织）的水外交要具有应对临时性、突发性负面水舆论的分析与及时反馈的能力。一国（或政府间国际组织）的水外交在面对负面国际舆情时能及时分析其根源和目的，并迅速通过各类媒体进行多种语言处理，起到正面应对与及时化解的功效。

因此，在对一国（或政府间国际组织）的水外交调控水舆情功能进行绩效评估时，可以从三个方面来分析。第一，一国（或政府间国际组织）的水外交是否具有完善的调控水舆情系统，即是否有多种可利用的平台，以及多语言的传播渠道。第二，一国（或政府间国际组织）的水外交调控水舆情系统能否在国际水舆论中占据主动权和主导权，能让流域内其他成员、水管理组织、相关国际机构、非政府组织了解与理解该国在跨界水资源开发、合作与解决冲突方面的意图。第三，一国（或政府间国际组织）能否在发生负面国际水舆情时做出及时反馈，并扭转负面舆情信息，消除不实舆情的负面影响。

五、辅助对外战略目标功能与绩效评估体系

水外交的辅助对外战略目标的功能主要包括三点。第一，对于周边沿线外交的战略布局的促进作用。受跨界水资源的地理环境条件作用，水外交的实施对象一般是一国（或政府间国际组织）的周边国家，而这些国家往往也是周边外交布局的重点区域。因此，通过水外交能促成一国（或政府间国际组织）与流域内其他成员在河流开发中的良好互动关系，而这些关系也将有助于形成和谐的周边氛围，为其对外整体战略布局夯实基础。第二，与一国（或政府间国际组织）的其他周边战略形成补益。流域内国家往往也是该国（或政府间国际组织）实施政治外交、经济外交、公共外交或者某一特定战略的重要区域。水外交往往与其他外交或者这些战略具有联系和共同点。因此，通过相互间的协调会产生"1+1>2"的良好效应，并彼此促进。第三，为对外战略目标的实现建立牢固的互信基础。互信程度的多寡将直接关系到行为体之间的合作程度与冲突程度。因此，跨界水资源流域上的国家（或政府间国际组织）相比其他无河流连接的国家（或

政府间国际组织）而言具有天然的联系。这种联系既有可能为双边或多边创造联系和沟通的机会，也有可能进一步激化相互间的原有矛盾或产生新的问题。而水外交能有助于促进在这种天然联系下的相互信任，化解误解与分歧，从而为双边、多边乃至区域的其他政治合作、经济合作、安全合作的展开创造良好的条件。

因此，在对一国（或政府间国际组织）的水外交的辅助对外战略目标功能进行绩效评估时，可依据三个标准。第一，一国（或政府间国际组织）的水外交能否有助于本国的对外战略展开，特别是针对流域内国家的对外战略目标的实现。第二，一国（或政府间国际组织）的水外交能否与特定的某种其他战略形成一种良性的互动关系，彼此促进与补益。第三，一国（或政府间国际组织）的水外交有无促进自身与其他流域成员的互信关系。

六、促进地缘秩序建设功能与绩效评估体系

水外交的促进地缘秩序建设功能主要包括两方面。第一，水外交对于地缘内水秩序的建设。跨界水资源区域最初通常处于一种无序的状态，即使有国际河流、区域河流法规也很难进行操作和执行，具体成效也不明显。因此，一国（或政府间国际组织）通常主要通过水外交进行相互间的协调与沟通，并在有效的水外交实施下形成了一种有效的沟通与解决方式或模型。新的地缘内水秩序也在多边水外交的实践过程中初具模型，已固定下来并日渐成熟，甚至形成由流域内所有成员自主决定和建立的水协调机制。第二，水外交对于地区内整体秩序的建设。有些流域内具有政治、经济、环境多功能的区域或者次区域机制。但这些机制内容多是出于建立之初成员需求的考量，并未在每个领域都形成具体、有效的方式。例如，可能区域内一些国家主要出于经济考量建立了区域秩序，但少数国家提出水资源环境开发保护也应纳入该机制，因此该机制本身是缺乏对于水资源环境保护的整体需求的。在此条件下，跨界水资源合作与冲突的解决往往要基于水外交，而水外交的实施反过来会促进这个机制对于水资源管理系统的完善。最终，该地区内所有国家也会在此机制内探讨和解决与水资源相关的问题。

　　因此，在对一国（或政府间国际组织）的水外交促进地缘秩序建设功能进行绩效评估时，可以从两个方面来进行。第一，一国（或政府间国际组织）水外交的实施有无促进流域内水秩序的建设，形成一套有效的区域内部的水资源管理体系。第二，一国（或政府间国际组织）水外交有无促进地区内整体秩序的建设，即是否提高了原有区域内机制下水资源开发与保护管理机制，是否完善了区域内的机制内容，是否提升了地区整体秩序。

　　总体而言，水外交具有多种功能，但这些功能并不是在所有实施主体中都能体现，它受到一国（或政府间国际组织）综合实力与具体地缘环境的限制。例如，流域内实力较弱的国家很难通过水外交促进地缘秩序能力建设，也不存在与流域内或者流域外实力强劲国家（或政府间国际组织）在主要相关领域的竞争能力。相反，对于实力强劲的国家而言，水外交必须要在上述领域发挥功能。同样，分析这些功能绩效评估体系也要具体情况具体分析。例如，对于实力较弱的国家而言，地区秩序能力建设与应对域内外竞争并不是其考量的重要指标，而水资源开发权利维护、经贸关系发展才是其重要评估内容。因此，判别一国（或政府间国际组织）的水外交绩效要基于实施行为与流域内的实际情况。

第二章
水外交视角下中国与湄公河国家的
跨界水资源合作

本章以水外交为视角，分析中国与湄公河国家（缅甸、老挝、泰国、柬埔寨、越南）在湄公河流域的跨界水资源合作。首先，分析跨界水资源的概念，以此鉴别湄公河的跨界水资源属性；同时，积极探讨湄公河自然地理情况，分析湄公河的发源及水资源分布并对相关数据进行研究。其次，对中国与湄公河国家在水利设施建设、航运经济与安全开发、信息交流与技术支持、区域内水资源管理合作等方面的跨界水资源合作内容进行探析。最后，重点分析中国水外交在湄公河跨界水资源合作中的模式。

第一节　跨界水资源与湄公河自然地理情况

在从水外交视角研究中国与湄公河国家水资源合作前，首先要了解跨界水资源的概念、特点与重要性，掌握湄公河跨界水资源的特性。同时还要了解湄公河自然地理分布情况，尤其是对湄公河沿岸各国年水流量数据、流域面积数据、从河流源头到河口的纵向数据、干旱季数据等进行解读与分析。这些是中国与湄公河流域国家合作的基础，也是水外交实施的重要判断依据之一。

一、跨界水资源

（一）跨界水资源的概念

跨界水资源最初仅针对单个的可以通航的国际河流和国际湖泊。国际河流一般是指流经或分隔两个或两个以上国家的河流，包括一般国际法意义上的界河、多国河流和通洋河流（国际河流）等。国际河流各沿岸国通过抽取、灌溉、航运、发电、养殖等途径，将特定质量和数量的河流水资源用作不同的用途，以满足人类引用、工农业生产、生态系统的维护等不同的需求，实现水资源的经济、社会和生态环境价值。1815 年维也纳会议签订的《最后议定书》规定，国际河流是指"分隔或经过几个国家的可通航的河流"，这一概念在以后的 200 多年时间里基本没有改变，只是有些文件甚至法院的判决将支流也包括在国际河流的范围内。国际法学会通过的《国际河流航行规则》第一条规定，国际河流是指"河流的天然可航部分流经或分隔两个或两个以上国家，以及具有同样性质的支流"。从 19 世纪开始，国际条约普遍将支流也包括在国际河流的范围内。而《国际性可航水道制度公约及规约》采用了"国际水道"（International Waterway）的说法，指一切分隔或流经几个不同国家的通海天然可航水道，以及其他天然可航的通海水道与分隔或流经不同国家的天然可航水道相连者。① 根据公约附件第一条的规定，国际水道必须具备"可以通航"和"有商业价值"两个基本条件，这与《维也纳公会规约》所称国际河流并无实质区别，因此两者可以通用。但是，国际水道概念的产生有其特殊的历史背景，在当时的垄断资本主义时期，需要充分利用国际水道以便利和扩大国际通商，因此特别强调国际河流的可航行和商业价值。②

20 世纪 50 年代，国际流域（International Basin）的概念开始形成，这一概念是从国际河流和国际水道的概念发展而来的。国际法协会早在 1957

---

① 可航水道指现今正用于普遍商业航运或者其他自然条件使之有可能用于商业航运的水道。

② 何艳梅：《中国跨界水资源利用和保护法律问题研究》，复旦大学出版社，2013，第 19—20 页。

年就提出了应将国际河流流域作为一个整体来考虑并对其全面利用以取得最高效益的原则。[①] 1966 年，国际法协会通过的《关于国际河流的利用规则》（也称《赫尔辛基规则》）的第二条明确规定，国际流域是指"跨越两个或两个以上国家，在水系的分界线内的整个地理区域，包括该区域内流向同一终点的地表水和地下水"。1986 年，国际法协会又制定了《关于国际地下水的汉城规则》（也称《汉城规定》）作为《赫尔辛基规则》的补充，明确提出了保护地下水的规则。[②] 此后，许多双边和多边水条约都借鉴了上述两个规则，采用了流域的用法。

因此，从上述的定义可以看出，跨界水资源包括国际河流、湖泊及其大小支流，国际河流的入口和出口，以及处于两个或两个以上国家管辖之内的地下水系统。[③]

（二）跨界水资源的特点

跨界水资源除了具有流域水资源的一般特征，还具有独特之处，需要沿岸国在进行开发利用和管理时加以特别注意。

第一，主权性。主权性也可称为政治性，这是跨界水资源的首要特点。从国家主权的角度看，跨界水资源流经不同的国家，各沿岸国对流经其领土的河段享有主权，对该河段水资源享有开发利用的权利。同时，由于水资源的流动性和整体性，这种权利不具有排他性。而沿岸各国往往出于维护各自利益的需要，试图排他地进行开发利用，相互把对方看作对手。上游国强调"绝对主权"，下游国强调"领土完整"，它们往往没有达成水条约，也没有共同开发利用或管理流域水资源的诚意，即使达成条约，很多也得不到有效执行。这就形成"零和博弈"，造成用水、分水矛盾和冲突。

第二，共享性。跨界水资源作为一个有机整体，不断流动，跨越了不同的政治边界，从而使沿岸国相互形成了事实上的共享关系，尽管有些沿

---

① 盛愉、周岗：《现代国际水法概论》，法律出版社，1987，第 26 页。

② 张晓京、邱秋：《跨界地下水国际立法的发展趋势及对我国的启示》，《河海大学学报（哲学社会科学版）》2012 年第 14 卷第 1 期，第 61 页。

③ 何艳梅：《中国跨界水资源利用和保护法律问题研究》，复旦大学出版社，2013，第 21 页。

岸国不愿意承认这一点。如果沿岸国能基于信任和互惠而建立起伙伴关系，能够就这种共享水资源进行真诚和有效的合作，则能够创造"非零和博弈"的美好局面，实现共赢。

第三，稀缺性。跨界水资源由于沿岸国不断增加的用水需求、极端气候、水污染导致可得水量减少等，变得日益稀缺。这又导致严重的供需失衡，如果对其利用和管理不当，极易引发沿岸国之间的用水矛盾和冲突。

第四，地缘性。跨界水资源既属于地缘自然资源，也属于地缘政治资源，可能会被沿岸国作为威胁和对付邻国的重要武器，或者作为谈判时讨价还价的筹码。[①]

（三）跨界水资源开发的重要性

无论是将其作为天然淡水资源的重要组成部分来看，还是以其对人类社会的经济发展、生存价值等所起的作用来衡量，跨界水资源都极为重要。特别是在涉及国际性公平分配和合理利用水资源的全球趋势下，跨界水资源开发利用与管理将在维护世界及区域合作与稳定、各相关国家发展和环境保护上具有重要意义。[②]

第一，跨界水资源开发对区域经济合作一体化发展将起到推动或延缓作用。在当今的区域合作一体化进程中，有一些区域合作依托国际河流或水域为主题展开。例如东南亚的大湄公河次区域经济合作、东亚的图们江区域经济合作等。虽然跨界共享水资源的合理分配、公平利用、协调管理、水污染的控制与生态系统维护等不完全是区域经济合作的重要组成部分，但是跨界水资源开发是否合理，在一定程度上会促进或延缓区域合作的进程。

第二，跨界水资源开发在一定程度上将影响国内的经济发展。随着人口的迅速增加，一些缺粮国家将进口粮食视作进口淡水资源。在一些

---

① 何艳梅：《中国跨界水资源利用和保护法律问题研究》，复旦大学出版社，2013，第21—22页。

② 何大明、冯彦：《国际河流跨境水资源合理利用与协调管理》，科学出版社，2006，第15页。

国家的缺水地区，能否为粮食生产提供淡水，已经成为影响当地经济发展的重要因素。此外，一些国家的渔业开发已成为其社会经济发展的重要经济支柱，因此，跨界水资源开发是否合理会对当地的渔业生产产生重要影响。

第三，跨界水资源开发将成为影响地区内非传统安全的重要因素。随着全球性缺水、水灾害、水污染和与之相关传染疾病的日益严重，以及其本身所具有的传递性质，跨界水资源开发与维护不善将使水资源问题超出国界，成为区域内国家所共同关注的重要议题，直接影响区域内的非传统安全与民众的生活。

第四，跨界水资源开发将成为影响国家对外形象的重要标志。跨界水资源开发的处理不当以及各国用水量的急剧增加容易造成过度开发、污水超量排放、国际河流水体污染、下游水源枯竭、河口湿地和三角洲萎缩、海水入侵、土地盐碱化等一系列国际区域环境问题，这些极易引发国际河流上游国与下游国的矛盾与纠纷。失责国的国家对外形象将受到严重影响。此外，国际非政府组织对国际河流开发和管理的大量参与，也将对跨界水资源开发中的失责国带来一定负面压力，对该国的对外形象造成不利影响。

二、湄公河自然地理情况

（一）湄公河的发源

湄公河（在中国境内称澜沧江，本书统称湄公河）符合上述跨界水资源的概念与所有特征。湄公河发源于中国青海省玉树藏族自治州杂多县吉富山，即唐古拉山北麓查加日玛以西4千米的高地。源头河段称加果空桑贡玛曲，南流至尕纳松多后称扎曲，在西藏昌都与昂曲汇合后称澜沧江。澜沧江南流穿行于他念他翁山与宁静山之间，然后穿过云南西部和云南南部，在西双版纳傣族自治州有31千米河段处于中缅边境。湄公河在中国的河道里程长2161.1千米，其中，由河源至南阿河口2130.1千米为中国内河，南阿河口至南腊河口31千米为中缅界河。在2130.1千米内河中，青海境内长 448 千米，西藏境内长 465.4 千米，云南境内长 1216.7 千米。湄公河在中国、缅甸和老挝的边界附近，于云南省勐腊县 244 号界桩处（南腊河口）流出中国国境。而后，该河流经缅老边境至老泰边境又至老挝南部西南角，再穿过柬埔寨中部，进入越南南端，在湄公河三角洲以多条汊道注入南海。湄公河流域纵面约 81 万平方千米，从河源至河口全长约 4880 千米，平均比降为 1.03‰。

（二）湄公河的水资源分布与分析

第一，中国与湄公河国家所占湄公河水资源基本信息分析。湄公河横穿中国与 5 个湄公河国家，是世界上一条重要的国际河流，水及水能资源丰富。从源头到入海口，干流全长约 4880 千米，长度居世界大河第六位。入海口平均流量 15060 立方米/秒，居世界大河流量第七位，多年平均径流量 4750 亿立方米，水电蕴藏量 9456.4 万千瓦，可开发的水能资源达 5800 万千瓦。[①] 但是，中国与流域其他国家所占湄公河流域面积及流量极不均匀。虽然中国在河流上游，但其水量比例仅占整条河流的 16%（也有 13.5% 之说），所占流域面积也只在六个国家中排第三（见表 2.1 和表 2.2）。而老挝在这两项数值上远远超过中国，位居六国之首，泰国和柬埔寨的水流量也超过中国。[②]

第二，湄公河旱季与汛期的变化分析。虽然湄公河通常有旱季和雨季两个季节，但是如果将一年划分为四个不同的季节来观察则更为清晰。通常来讲，湄公河的每年最低日流量一般发生在 4 月初。而一般到 5 月下旬，流量会迅速增加一倍，迎来第一个季节转变期，并一直持续到汛期来临前。需要注意的是，一般在 6 月下旬的最后几天，汛期开始，且持续 130 多天（见图 2.1）。第二个季节转变期发生在汛期结束与旱季开始的这段时期内。而

---

① 王建军：《全球化背景下大湄公河次区域水能资源开发与合作》，云南民族出版社，2007，第 56—58 页。

② 张励：《水外交：中国与湄公河国家跨界水合作及战略布局》，《国际关系研究》2014 年第 4 期，第 29 页。

在此段时期内，日流量减少率变为典型的"基流"[1]衰退。通常来看，湄公河旱季一般于 11 月下旬开始。此外值得注意的是，湄公河的汛期开始与结束一般都需要两周左右的时间，这是庞大河流系统所具有的显著特征。 对于湄公河旱季与汛期的变化分析将为湄公河旱情发生与解决分歧提供重要的科学依据。这也是中国与湄公河国家水资源合作或冲突中的一个焦点。

表 2.1　湄公河水资源分布情况

国名	流经里程（千米）	流域面积（万平方千米）	产水量（亿立方米）	水资源比例（百分比）	水资源分布（亿立方米）	水电蕴藏量（万千瓦）	可开发容量（万千瓦）
中国	2161.1	16.7	2410.0	16.0	765.0	3656.4	2737.0
缅甸	265.0	2.1	300.0	2.0	95.0	五国合计 5800.0	五国合计 3211.0
老挝	1987.7	21.5	5270.0	35.0	1662.5		
泰国	976.3	18.2	2560.0	18.0	850.0		
柬埔寨	501.7	16.1	2860.0	18.0	855.0		
越南	229.8	6.5	1660.0	11.0	522.5		
总计	4880.3	81.1	15060.0	100.0	4750.0	9456.4	5948.0

资料来源：王建军《全球化背景下大湄公河次区域水能资源开发与合作》，云南民族出版社，2007，第 58 页；Mekong River Commission Secretariat, Mekong River Commission towards Sustainable Development: Annual Report 1995 (Mekong River Commission Secretariat, 1995), p.1；Mekong River Commission Secretariat, Mekong River Basin Diagnostic Study (International Environment Management and Global Environmental Consultants, 1997), p. 4。

注：表内所列流经里程含界河在内，有重复计算；泰国和柬埔寨的水资源比例根据湄公河委员会秘书处资料进行了更新。

---

[1] 基流是指由地下水外渗进入水系中的部分。

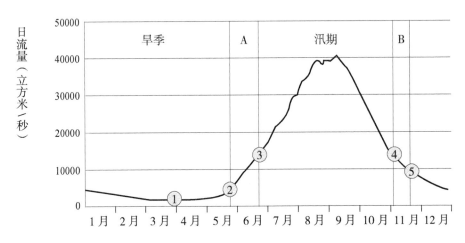

A- 季节转变期 1；B- 季节转变期 2。

图 2.1　湄公河水文年的四季

注：本图记录了湄公河一个水文年的水流量变化。这里的水文年是以湄公河总体蓄量变化最小的原则选取的连续 12 个月。

［资料来源：P. T. Adamson, An Evaluation of Landuse and Climate Change on the Recent Historical Regime of the Mekong (Mekong River Commission, 2006)］。

表 2.2　湄公河干流河段流量分布

单位：百分比

河流河段	左岸	右岸	总计
中国	16		16
中国—清盛（泰国）	1	4	5
清盛—琅勃拉邦（老挝）	6	3	9
琅勃拉邦—清康（泰国）	1	2	3
清康—万象（老挝）	0	0	0
万象—廊开（泰国）	0	1	1
廊开—那空拍侬（泰国）	20	4	24
那空拍侬—莫拉限（泰国）	3	1	4
莫拉限—巴色（老挝）	5	6	11
巴色—上丁（柬埔寨）	23	3	26

河流河段	左岸		右岸	总计
上丁—桔井（柬埔寨）	1		0	1
总计	60	16	24	100

资料来源：Mekong River Commission, Overview of the Hydrology of the Mekong River Basin (Mekong River Commission, 2005), p.27。

注：表内数据采用四舍五入的计数方法；"廊开—那空拍侬（泰国）"段原数据19%统计有误，已修改为20%。

第三，流域国家对湄公河的依赖性分析。测算流域国家对湄公河的直接依赖度，可以根据每个国家的土地面积和位于湄公河流域内的人口的比例，以及湄公河对这些地区的社会经济重要性。位于河流上游位置的中国与缅甸对于湄公河的依赖程度较低，而老挝和柬埔寨几乎完全依赖于湄公河发展。老挝是内陆和山区国家，依靠河流发展渔业、农业和运输业。在柬埔寨，洞里萨湖和湄公河冲积平原覆盖其整个国家，为其发展渔业、农业和航运提供了便利。此外，洞里萨湖是一个天然的洪水调节器，同时也是洄游鱼类的关键产卵场所。因此，该湖对柬埔寨南部和越南三角洲的生态十分重要。而越南虽然相对于老挝、柬埔寨而言对湄公河的依赖度较低，但湄公河三角洲是其两个人口密度较高的冲积平原之一（另一个是红河三角洲）。湄公河三角洲是越南的粮仓，其农业和渔业产量占全国产量的60%。[1]这种高度的依赖性与湄公河三角洲系统的生态和水文具有密切联系。三角洲的大部分区域易受季节性海水倒灌、土壤盐碱化和积涝影响，因此需要在旱季保持足够的流量来阻止上述情况的发生。同时，汛期的流量可能引起洪水并给三角洲地区带来重大负面影响。对于泰国而言，湄公河流域占该国土地面积的1/3，且大约有全国1/3的人口居住在此。但是与其他湄公河国家相比，泰国对湄公河的直接依赖不高。因为泰国的主要河流为昭披耶河（中国称湄南河），同时湄公河流经的泰国部分位于其东北相对偏远的伊桑地区，

---

[1]　Evelyn Goh, *Developing the Mekong: Regionalism and Regional Security in China–Southeast Asian Relations* (London: Routledge, 2007), p.19.

不便利用（见表2.2）。

单位：百分比

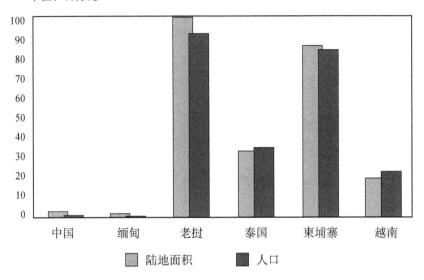

图 2.2　湄公河流域对沿岸国家的地理重要性

［资料来源：Mekong River Commission Secretariat, Mekong River Basin Diagnostic Study (International Environment Management and Global Environmental Consultants, 1997), p. 4; Asian Development Bank, Greater Mekong Subregion Socio-Economic Review (Asian Development Bank, 1997), p. 2; J. Odendall and E. Torrell, The Mighty Mekong Mystery: A Study on the Problems and Possibilities of Nature Resources Utilization in the Mekong River Basin (Area Forecasting Institute, 1997)］。

　　第四，湄公河从源头到三角洲的流量分析。湄公河的河流源头为青藏高原海拔4970米处，向下游流动800多千米后进入中国云南省，又在云南省流经1200多千米。湄公河在中国流域的海拔下降值为4500米左右，在余下2600多千米的湄公河河段，河流海拔下降约为500米（见图2.3）。因此可以看出，湄公河的海拔较大落差值主要位于流域内前半段地区，后半段的海拔落差值相对较小。

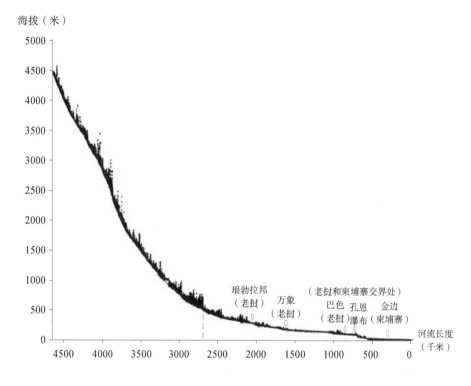

图 2.3 湄公河从源头到三角洲的纵向剖面

［资料来源：Ian C. Campbell, *The Mekong: Biophysical Environment of an International River Basin* (New York: Academic Press, 2009), p. 80。］

第二节 中国与湄公河国家跨界水资源的合作内容

在对湄公河水资源基本信息有所了解的基础上，本节主要探讨中国与湄公河国家在水利设施建设、航运经济与安全功能开发、信息交流与技术支持、区域内水资源管理等四个方面的跨界水资源合作内容，为分析中国水外交在湄公河跨界水资源合作中的具体应对模式提供依据。另外值得关注的是，在 2016 年澜湄合作机制全面启动后，中国与湄公河国家的跨界水资源合作无论在深度还是广度上都得到了史无前例的重视与发展。

一、水利设施建设合作

水是可再生资源，水电的开发不仅能够改善本国或本地区的能源供应结构，还可以带动相关工业与基础设施的建设，更可以通过水电贸易增加外汇收入。这对于中国，特别是部分不发达的湄公河国家来说，尤为重要。但是，水利设施的开发受到资金与技术的限制，即使在同一个河流流域内，不同国家的水电开发程度也会截然不同。例如，相对于湄公河国家而言，中国的资金技术实力较强，在湄公河中国段规划了8个梯级电站（分别是功果桥电站、小湾电站、漫湾电站、大朝山电站、糯扎渡电站、景洪电站、橄榄坝电站和勐松电站），总装机容量约1630.5万千瓦（详见表2.3）。其中，中国放弃建设勐松水电站，因为考虑到该电站会阻隔下游鱼类洄游通道。[1]而湄公河国家虽然在技术、资金上较弱，但通过与中国合作（湄公河下游建设水利设施的途径之一），在近几年加大了对水利设施的建设。

表2.3 湄公河中国段主要水电站工程规模表

电站	功果桥	小湾	漫湾	大朝山	糯扎渡	景洪	橄榄坝	勐松
正常蓄水位（米）	1319	1240	994	899	812	602	533	519
总装机容量（万千瓦）	75	420	165.5	135	585	175	15	60

资料来源：郑江涛《澜沧江干流水电开发在云南经济发展中的作用》，《云南水力发电》2004年第5期，第18页。

（一）主要水利设施合作项目

中国与湄公河国家的水利设施建设合作主要有：1. 南塔河1号水电站项目。2010年6月，中国南方电网公司全资子公司——南方电网国际公司

---

[1] 《可持续发展最符合澜沧江—湄公河流域各国利益》，中国新闻网，2010年5月24日，http://www.chinanews.com/ny/news/2010/05-24/2300582.shtml，访问日期：2016年12月20日。

与老挝政府签署了《老挝南塔河 1 号水电站项目开发协议》。老挝南塔河 1 号水电站是南方电网公司在老挝境内以 BOT 方式（Build Operate Transfer，即建设—经营—转让）投资建设的第一个电源项目。该电站坝址位于老挝北部湄公河一级支流南塔河上，总装机容量 16.8 万千瓦，工程静态总投资约 20 亿元人民币，特许经营期限 30 年，项目电量由老挝电力公司包销。①

2. 北本水电站项目。北本水电站为中国大唐集团与老挝在老挝境内湄公河干流规划梯级的第 1 个梯级电站，为径流式开发，位于老挝北部乌多姆赛省北本县境内。北本水电站正常蓄水位 340 米，初拟采用 16 台灯泡贯流式机组，总装机容量 912 兆瓦。该电站也是一座以发电为主，兼有航运、过鱼等综合利用效益的水电枢纽工程。② 3. 萨拉康水电站项目。中国大唐集团还在老挝境内开发了萨拉康水电站，是湄公河干流规划梯级的第 5 个梯级电站。该电站位于老挝沙耶武里省根涛县文康村上游 1.5 千米处，距泰老边界约 2 千米。萨拉康水电站正常蓄水位 220 米，初拟采用 12 台灯泡贯流式机组，总装机容量 684 兆瓦。该电站是一座以发电为主，兼有航运、过鱼等综合利用效益的水电枢纽工程。③ 4. 色拉龙 2 号水电站项目。中国葛洲坝集团股份有限公司（简称"葛洲坝集团"）于 2016 年 8 月同老挝政府正式签署色拉龙 2 号水电站项目开发协议，这是该集团在老挝投资的首个水电项目。该项目位于湄公河的二级支流色拉龙河上游河段，坝高 55 米，年发电量约 1.4 亿千瓦时，工程施工总工期为 41 个月，总投资约 7000 万美元。时任老挝计划投资部副部长本塔维·西苏潘认为，该项目是一座以发电为主的水电站，项目建成后，将为河流两岸居民提供灌溉保障，并为当地政府和人民带来

---

① 《南方电网 20 亿投资老挝水电站项目》，网易网，2010 年 6 月 24 日，http://money. 163.com/10/0624/08/69UBK61K002524SO.html，访问日期：2016 年 12 月 20 日。

② 《北本水电站》，中国大唐集团海外投资有限公司官方网站，http://www.china-cdto. com/hwtzweb//indexAction.ndo?action=showPage&id=97B4101F-F2C5-69DE-906D-90874C4FAA69&super=super，访问日期：2016 年 12 月 20 日。

③ 《萨拉康水电站》，中国大唐集团海外投资有限公司官方网站，http://www. china-cdto.com/hwtzweb//indexAction.ndo?action=showPage&id=05174A27-B15E-9C94-5A52-CEC2B600C5EC&super=super，访问日期：2016 年 12 月 20 日。

社会效益和经济收益。①

（二）其他相关水利合作项目

中国还与柬埔寨、缅甸等湄公河国家进行了水利合作项目。② 例如，甘再水电站（该项目由中国水利水电建设集团投资建设，2007 年 9 月开工建设，总投资 2.8 亿美元，总装机容量 19.32 万千瓦）、基里隆 1 号水电站（该项目由中国电力技术进出口公司投资建设，2001 年 4 月 2 日开工建设，总投资 1924 万美元，总装机容量 1.2 万千瓦）、基里隆 3 号水电站（该项目由国网新源电力投资公司投资建设，2009 年 3 月开工建设，总投资 6653 万美元，总装机容量 1.8 万千瓦）、斯登沃代水电站（该项目由大唐集团公司、云南国际经济技术合作公司和云南藤云西创投资实业有限公司投资建设，2009 年 11 月开工建设，总投资 2.55 亿美元，总装机容量 12 万千瓦）、额勒赛河下游水电站（该项目由华电集团投资建设，2010 年 4 月开工建设，总投资约 5.58 亿美元，总装机容量 33.8 万千瓦）、达岱水电站（该项目由中国重型机械总公司投资建设，2010 年 3 月开工建设，总投资 5.4 亿美元，总装机容量 24.6 万千瓦）、桑河二级水电站（该项目由华能澜沧江水电有限公司下属的云南澜沧江国际能源有限公司与柬埔寨皇家集团、越南电力国际股份有限公司以 BOT 方式共同投资建设，所持股份分别为 51%、39% 和 10%，电站规划总装机容量 40 万千瓦）③ 以及在缅甸投资建设的密松水电站（该项目由中国电力投资集团与缅甸第一电力部及缅甸亚洲世界公司共同投资开发，总装机容量 600 万千瓦）等。

---

① 《中企投资老挝水电站项目建设》，搜狐网，2016 年 8 月 6 日，http://stock.sohu.com/20160806/n462937620.shtml，访问日期：2016 年 12 月 20 日。

② 尽管有些水利项目并非位于湄公河流域，但也是中国与湄公河国家跨界水资源合作的重要内容。

③ 《柬埔寨国家电力电网建设现状分析》，中华人民共和国驻柬埔寨王国大使馆经济商务参赞处，2015 年 8 月 17 日，http://cb.mofcom.gov.cn/article/zwrenkou/201508/2015080108 2421.shtml，访问日期：2016 年 12 月 20 日。

二、航运经济与安全功能开发合作

湄公河航运通道是打通中国与湄公河国家联系的重要渠道，也是双方一个重要的跨界水资源合作内容。自 20 世纪 90 年代起，中国与湄公河国家陆续在航运通道建设、航道疏浚工程、航运安全保护三个方面展开了切实有效的合作。

（一）航运通道建设

湄公河的国际航运始于 1990 年，当时，随着区域经济合作大潮的兴起，中国和老挝两国率先在中老河段上开展了上湄公河航道通航可行性的试航考察。在得出了技术可行、经济合理的结论后，双方紧接着于当年 9 月成功地实现了中国景洪港至老挝万象全长 1100 千米的载货航行，从此结束了湄公河不能通航的历史。1994 年 11 月，中老两国正式签署了《澜沧江—湄公河客货运输协定》，揭开了湄公河上"一对一"的国际航运业务。1997 年 1 月，中国与缅甸签订了《澜沧江—湄公河商船通航协定》。中老、中缅航运的开通，引起了沿岸国家的进一步关注。2000 年 4 月，中国、老挝、缅甸、泰国政府经友好协商，决定将通航范围延伸到四国水域，在缅甸大其力市签署了《澜沧江—湄公河商船通航协定》。按照协定，中老缅泰四国于 2001 年 6 月 26 日正式实现通航。通航范围为从中国思茅港至老挝琅勃拉邦 786 千米的水域。[1] 与此同时，中老缅泰四国成立了澜沧江—湄公河商船通航联合协调委员会和实施协定技术工作组，为协调和处理航运通道的相关问题提供了法律和技术的支持，为更好地协调、处理与实施四国协定有关的事宜提供了技术和法律的保障。湄公河航运通道的建设促进了中国与湄公河国家之间在经济、旅游、人力资源等方面的发展与交流。

（二）航道疏浚工程

中国与湄公河国家进行了两期航道疏浚工程。第一期航道疏浚工程始于 2000 年 4 月中老缅泰四国签署《澜沧江—湄公河商船通航协定》后。

---

[1] 《澜沧江—湄公河国际航运简介》，中新网，2011 年 10 月 19 日，http://www.yn.chinanews.com/pub/special/2011/1019/5519.html，访问日期：2016 年 12 月 20 日。

四国通航后，商船通航长度达 786 千米，其中中国与缅甸边境 243 号界碑至老挝会晒 331 千米航道是通航条件最困难的河段。为此，中国政府投资 500 万美元实施航道改善。2001 年，中老缅泰四国成立了专家组，编制完成《工程环境影响评价报告》及工程初步设计。2002 年 3 月 24 日，四国政府分别予以批准。根据报告的要求，工程利用 2002 年 3 月至 2003 年 4 月 15 日两个枯水期完成了 11 处礁石、10 处零星礁石的炸除和疏浚，共计完成炸礁 12 万方，疏浚 0.4 万方，并设置了 4 个绞滩站。中国交通运输部研究解决了工程施工设备等技术难题，配备了 5 套卫星定位及信息传输系统。①

　　第二期航道疏浚工程始于 2014 年 12 月在中国昆明召开的"澜沧江—湄公河国际航运发展规划（2015—2025 年）磋商会"。会上，中老缅泰四国代表团对《澜沧江—湄公河国际航运发展规划》进行了讨论和审议。会议明确了澜沧江—湄公河国际航运发展目标：到 2025 年将建成从中国云南思茅港南得坝至老挝琅勃拉邦 890 千米、通航 500 吨级船舶的国际航道，并在沿岸布设一批客运港口和货运港口。② 2015 年 9 月，中老缅泰在中国云南昆明举行了澜沧江—湄公河国际航道二期整治工程前期工作联合工作组第一次会议。根据中老缅泰四国共同编制的规划，湄公河航道二期整治工程范围为湄公河中缅 243 号界碑至老挝琅勃拉邦河段 631 千米航道，整治内容包括航道整治、港口建设和支持保障体系建设等。工程实施后，可显著改善澜沧江—湄公河航道条件，降低运输成本，提升航行安全保障和环境保护水平。中国政府通过"中国—东盟海上合作基金"为前期工作提供了经费支持，并按照相关程序确定承担工程前期工作的第三方机构。联合工

---

① 《上湄公河航道改善工程》，中华人民共和国交通运输部网站，2005 年 6 月 28 日，http://www.moc.gov.cn/2006/06jiaotongcj/ganghang/200606/t20060613_37739.html，访问日期：2016 年 12 月 20 日。

② 《澜沧江—湄公河国际航运发展规划磋商会在昆召开　2025 年将建成思茅港至老挝通航 500 吨级船舶国际航道》，云南网，2014 年 12 月 3 日，http://yn.yunnan.cn/html/2014-12/03/content_3480286.htm，访问日期：2016 年 12 月 20 日。

作组负责指导、协调和协助第三方机构开展具体工作。[①]

　　2016 年 4 月，在中国云南景洪召开了澜沧江—湄公河航道二期整治工程前期工作联合工作组第二次会议暨前期工作启动会。来自老挝、缅甸、泰国的代表，以及中国交通运输部、云南省交通运输厅、云南省相关部门和前期工作承担单位的代表参加了会议。会议指出，澜沧江—湄公河国际航运合作是交通互联互通的重要组成部分，是实现四国互利共赢合作新局面的必然要求，中方将与老缅泰三方一道，进一步加强沟通协调，推进前期工作，齐心协力推动航道二期整治工程进程。老缅泰三方代表也在会上表示，推动澜沧江—湄公河国际航运发展是中老缅泰多年来的共同愿望，前期工作是实施航道二期整治工程的重要基础，希望今后能加强紧密合作，共同推动前期工作顺利开展。[②]目前，该工程项目仍处于前期工作阶段（即可行性研究和初步设计阶段）。前期工作总报告（包括环境影响评估报告）完成后，将提交中老缅泰四国分别审批通过，之后开始具体实施工作。在后期可能进行的工程施工中，中方有关承办单位将借鉴湄公河上下游航道整治等相关工程环境保护经验，最大限度降低工程建设对湄公河及周边环境带来的不良影响，减轻对湄公河水生生物及沿岸动物的干扰和影响。[③]总体而言，湄公河航道疏浚工程提高了航道的利用率，促进了各国人员与货物交流，推动了中老缅泰国家沿岸地区经济社会发展。

（三）航运安全保护

　　湄公河的航道安全问题一直存在，给中国和湄公河国家带来影响。2011

---

　　① 《中老缅泰共商澜沧江—湄公河航道二期整治》，中华人民共和国交通运输部网站，2015 年 9 月 28 日，http://zizhan.mot.gov.cn/zhuzhan/jiaotongxinwen/xinwenredian/201509xinwen/201509/t20150927_1881883.html，访问日期：2016 年 12 月 20 日。

　　② 《澜沧江—湄公河航道二期整治工程前期工作启动》，人民网，2016 年 4 月 28 日，http://yn.people.com.cn/news/yunnan/n2/2016/0428/c228496-28237112.html，访问日期：2016 年 12 月 20 日。

　　③ 《关于"湄公河疏浚"争议，我驻泰领事有话说》，环球网，2017 年 1 月 20 日，http://world.huanqiu.com/exclusive/2017-01/9986342.html，访问日期：2017 年 1 月 25 日。

年 8 月，有游客在金三角水域遭遇抢劫，致使湄公河航道客运被迫暂停。2011 年 10 月更是发生了震惊中外的湄公河"10·5"惨案，澜沧江—湄公河通航 10 年来第一次面临全面停航。同年 10 月，中老缅泰通过了《湄公河流域执法安全合作会议纪要》并发表了《关于湄公河流域执法安全合作的联合声明》，各方达成广泛共识：一是同意进一步采取有力措施，加大联合办案力度，尽快彻底查清"10·5"惨案案情，依法惩办凶手；二是为应对湄公河流域安全出现的新形势，同意建立中老缅泰湄公河流域执法安全合作机制，交流情报信息、联合巡逻执法、联合整治治安突出问题、联合打击跨国犯罪、共同应对突发事件；三是同意尽快通过联合办案、专项治理等方式，共同打击跨国犯罪特别是打击毒品犯罪团伙；四是尽快开展联合巡逻执法，为恢复湄公河航运创造安全条件，争取在 12 月大湄公河次区域经济合作领导人会议召开之前让湄公河恢复通航。[①] 2012 年 3 月，中老缅泰湄公河联合巡逻执法指挥部首次工作会议在中国云南召开。会上商定了定期召开联指例会、进一步畅通指挥联络、加强联指工作力量等健全联指工作措施，为湄公河联合巡逻执法奠定了坚实基础。[②]

2013 年，中国发起建立中老缅泰"平安航道"联合扫毒行动机制。2015 年，四国签订了《"平安航道"联合扫毒行动三年规划（2016—2018）》，有力打击遏制了湄公河流域毒品犯罪活动。[③] 2015 年 10 月，湄公河流域执法安全合作部长级会议在北京召开。中国国务委员、公安部部长郭声琨，老挝公安部部长宋乔，缅甸内政部副部长昂梭，泰国国家安全委员会秘书长塔威，柬埔寨内政部国务秘书滕萨翁，越南公安部警察总局局长潘文永出席会议。会议通过了《关于加强湄公河流域综合执法安全合

① 《中老缅泰湄公河流域执法安全合作会议在京举行》，新华网，2011 年 10 月 31 日，http://news.xinhuanet.com/world/2011-10/31/c_111136559.htm，访问日期：2016 年 12 月 20 日。

② 《中老缅泰四国执法部门再次开展湄公河联合巡逻执法行动》，新华网，2012 年 3 月 28 日，http://news.xinhuanet.com/legal/2012-03/28/c_111713957.htm，访问日期：2016 年 12 月 20 日。

③ 《〈湄公河行动〉热映 湄公河惨案 5 周年祭：这 5 年中国警方做了什么》，观察者网，2016 年 10 月 5 日，http://www.guancha.cn/Neighbors/2016_10_05_376195.shtml，访问日期：2016 年 12 月 20 日。

作的联合声明》，邀请柬埔寨、越南为湄公河流域执法安全合作机制观察员国。同时，与会各方在发言中高度评价中方为推进湄公河流域执法安全合作所作的贡献，表示愿与中方一道总结经验、创新模式，不断提升合作水平，促进流域安全稳定。①

2016 年 12 月，湄公河流域执法安全合作机制成立五周年部长级会议在北京举行，中国国务委员、公安部部长郭声琨，机制成员国代表团团长、老挝公安部部长宋乔，缅甸内政部副部长昂梭，泰国国家安全院秘书长塔威，观察员国代表团团长、柬埔寨警察副总监柴西纳列，越南公安部警察总局副总局长杜金线出席会议。中方指出，湄公河流域执法安全合作机制各方始终坚持相互尊重、理解、信任和支持，开展情报信息交流、联合巡逻执法、"平安航道"联合扫毒行动等多种形式的执法合作，严厉打击了本地区跨国犯罪，有效维护了地区安全稳定，有力促进了地区繁荣发展，是不同国家开展地区执法安全合作的成功典范。中方愿与各方共同努力，进一步加强战略沟通，全面深化各领域务实合作，以"湄公河精神"为行动指南，把建设"平安湄公河"作为机制发展的目标，共同建设澜沧江—湄公河综合执法安全合作中心，进一步深化联合巡逻执法、打击毒品犯罪、反恐和打击网络犯罪及边境管理合作，推动建立省级合作机制，加强人员交往和执法能力建设合作，加强与域外其他地区性执法安全合作组织的交往合作，努力打造湄公河流域执法安全合作升级版。与会各国代表高度评价机制建立五年来为地区安全稳定和繁荣发展作出的突出贡献，表示愿同中方一道，不断创新合作模式，提升执法能力，不断将湄公河流域执法安全合作推上新水平，共同建设平安湄公河，造福流域各国人民。会议还通过了《湄公河流域执法安全合作机制五周年部长级会议声明》。②

---

① 《湄公河流域执法安全合作部长级会议在京举行》，中华人民共和国公安部网站，2015 年 10 月 24 日，http://www.mps.gov.cn/n2256936/n4938148/c5110506/content.html，访问日期：2016 年 12 月 21 日。

② 《湄公河流域执法安全合作机制成立五周年部长级会议在京举行》，凤凰网，2016 年 12 月 28 日，http://news.ifeng.com/a/20161228/50485246_0.shtml，访问日期：2016 年 12 月 30 日。

在 2016 年 1 月，中老缅泰开展湄公河联合巡逻执法行动。行动四国分别在中国关累、老挝的班相果和孟莫以及缅甸万崩采取全线与分段、定点与随机相结合的方式，共同开展勤务。行动历时 4 天 3 夜，总航行 35 小时、615 千米。勤务期间，四国执法人员在金三角和老挝班相果、孟莫等重点水域开展联合公开查缉、联合走访、禁毒宣传等活动，共检查各国船艇 3 艘、货物 160 余吨，有力震慑和打击了湄公河流域涉恐、走私、偷渡、贩毒、贩枪、拐卖人口等跨境违法犯罪活动。此外，四国执法编队还派出分队对过往商船及沿岸民众进行走访，详细了解近期湄公河航运、治安、航行安全等情况，听取意见和建议。共走访船员和沿岸群众 12 人，发放四国警民联系卡 22 张。四国执法人员还就执法船艇操作和湄公河航道水文信息进行交流，不断提高各国执法人员船艇操作能力。①

截至 2019 年 3 月，中老缅泰进行湄公河联合巡逻执法共 80 次。联合巡逻执法启动近 8 年来，经过中老缅泰执法部门的共同努力，四国在湄公河联合巡逻执法安全合作机制下的合作领域不断深化，已开始由单一的全线巡逻向分段联巡、联合执法、联合查缉、水上救助、反恐演练、情报共享、船艇互访、友好船艇共建等多个领域拓展延伸。8 年中，四国共派出执法人员 12816 人次，执法艇 680 艘次，总航程 4.2 万余千米，对流域各类违法犯罪活动形成有力震慑。湄公河联合巡逻执法已成为国际执法合作典范，有效保障了湄公河"黄金航道"的稳定和安全。②

三、信息交流与技术支持合作

中国与湄公河国家跨界水资源合作中的另一个重要内容是水文信息分享、开展对话、技术交流与人员培训。

---

① 《中老缅泰完成第 54 次湄公河联合巡逻执法》，云南网，2017 年 2 月 3 日，http://xsbn.yunnan.cn/html/2017-02/03/content_4717609.htm，访问日期：2019 年 7 月 20 日。

② 《第 80 次中老缅泰湄公河联合巡逻执法行动结束》，新华网，2019 年 3 月 22 日，http://www.xinhuanet.com/2019-03/22/c_1210089665.htm，访问日期：2019 年 7 月 20 日。

（一）水文信息分享

1996 年，中国和缅甸成为湄公河委员会的对话伙伴国。2002 年，中国与湄公河委员会签署了《关于中国水利部向湄委会秘书处提供澜沧江—湄公河汛期水文资料的协议》。2008 年，中国又与湄公河委员会续签了该协议。2010 年，中国开始向湄公河委员会提供位于中国境内的允景洪、曼安水文站特枯情况下的旱季水文资料。[①] 2014 年 9 月，在泰国多地遭受洪灾的情况下，为帮助下游国家应对可能的灾害，中国在优化水库调度的同时，将有关澜沧江洪水情况及水库调度有关信息向湄公河委员会秘书处作了应急通报。[②] 2016 年，中国与湄公河委员会交换中国在汛期分享的常规报讯水文数据、2016 年枯季逐日水位和流量，以及 1960—2009 年和 2010—2015 年多年月平均水位和流量数据。[③]

（二）开展对话

中国在与湄公河国家开展具体对话前，先做了积极准备，即中国就现存的湄公河水电项目合作中的问题做出修复，又于 2011 年由中国水电公司制定了《可持续发展政策框架》，按照国际标准设置了环境、社会和安全标准以及受影响群体的知情权。中国政府及其国有企业已经逐步通过湄公河委员会、东盟、非政府组织和论坛增加与下游国家的对话。例如，2011 年和 2012 年，中国在金边与河内参加了"水与食物挑战计划"关于水、粮食和能源的论坛。其中，华能澜沧江水电公司在景洪水电站建设时引入了《水电可持续性评估规范》，并在该论坛上介绍了自己的经验。[④]

---

① 卢光盛：《中国加入湄公河委员会，利弊如何》，《世界知识》2012 年第 8 期，第 31 页。

② 《中国与湄公河流域国家加强合作应对山洪地质灾害》，新华网，2015 年 11 月 10 日，http://news.xinhuanet.com/politics/2015-11/10/c_128414622.htm，访问日期：2016 年 12 月 21 日。

③ The Mekong River Commission and Ministry of Water Resources of the People's Republic of China, Technical Report—Joint Observation and Evaluation of the Emergency Water Supplement from China to the Mekong River (2016), p.43.

④ Nathaniel Matthews and Stew Motta, "China's Influence on Hydropower Development in the Lancang River and Lower Mekong River Basin," July, 2013, accessed December 11, 2016, http://mekong.waterandfood.org/wp-content/uploads/China-influence-_Eng.pdf.

（三）技术交流与人员培训

2010 年 6 月，中国水利部在北京主办了"湄公河流域各国防洪减灾管理技术培训班"。来自缅甸、老挝、泰国、柬埔寨和越南等湄公河流域五国，以及湄公河委员会秘书处的学员参加了为期 14 天的培训。中国愿意与湄公河流域各国共同分享中国的成功经验和技术。该培训班围绕防洪抗旱减灾与泥沙管理的主题，采用培训课程、技术考察、文化交流相结合的方式，安排学员听取专题授课，走访水利单位并现场考察水利工程。培训班邀请了 9 位中国相关领域的优秀专家，分别就"中国防洪减灾新进展""中国洪水管理和应急反应""洪水预报与防洪预警决策支持系统""中国开展国际河流合作的情况""水旱灾害统计制度""流域综合规划""中国河流泥沙管理介绍""水库泥沙及其控制措施""水库泥沙案例分析""河道堤防建设与安全管理"等进行授课。此外，培训班学员还先后访问了中国水利水电科学研究院、水利部水文局、黄河水利委员会等多家水利单位，并前往黄河中下游流域现场考察花园口数字化水文站、标准化堤防、南水北调穿黄工程、小浪底水利枢纽工程、西霞院水库和东平湖蓄滞洪区等水利工程，并在现场观看了 2010 年的黄河小浪底水利枢纽工程调水调沙过程。①

2011 年 10 月，中国邀请来自越南、柬埔寨、泰国、老挝、缅甸、尼泊尔六国的 15 名水利技术人员进行了主题为"山洪地质灾害防控技术"的培训。中国邀请了经验丰富的水利专家，对 15 名学员进行了灾害防控技术培训，并组织他们参观了长江三峡、中国县级和省级山洪灾害监测预警平台、山洪示范区及山洪灾害防治非工程措施示范基地。

2015 年 7 月，缅甸伊洛瓦底江流域中下游地区遭受了严重的洪涝灾害，中国迅速派出专家组赴缅甸开展伊洛瓦底江防洪应急咨询。应缅甸政府请求，同年 10 月，中国再次派出专家组"会诊"当地洪涝灾情，深入灾区开

---

① 《水利部："湄公河流域各国防洪减灾管理技术培训班"在京开班》，中国水利水电科学研究院官网，2010 年 6 月 21 日，http://www.iwhr.com/zgskyww/ztbd/mekong/tpxw/webinfo/2010/06/1276836871587883.htm，访问日期：2016 年 12 月 21 日。

展实地调研，提出建设性咨询意见。[①]

2016年澜湄合作机制全面启动后，中国与湄公河国家在水资源技术交流与培训上朝着"多领域、高密度、全面化"方向发展，这标志着水资源合作的"全面化"。此后，该机制又将技术交流培训与考察学习列为《澜沧江—湄公河合作五年行动计划（2018—2022）》"能力建设"中的重要内容。2016年至2018年，中国与湄公河国家总计开展交流与培训活动20次，活动对象包括湄公河国家的政界、商界、学界，活动地域涵盖北京、天津、南京、武汉、宜兴、昆明、大理、景洪和柬埔寨金边等地。无论是活动内容还是地域范围，都远远超过了之前的合作程度（见表2.4）。

表2.4　2016—2018年中国与湄公河国家水资源能力建设活动

时间	主题	地点
2016年5月	海上丝绸之路绿色使者计划——中国—老挝环境管理研讨班	景洪
2016年9月	澜沧江—湄公河生态系统管理能力建设研讨会	北京
2016年11月	中国—柬埔寨环境影响评价能力建设研讨班	北京
2017年2月	澜沧江—湄公河工业废气排放标准与管理能力建设研讨活动	北京
2017年3月	澜沧江—湄公河国家水质监测能力建设研讨会	北京
2017年6月	中国—柬埔寨水环境管理及实践研讨会	金边
2017年9月	"一带一路"国际产能与环保产业合作研讨会	宜兴
2017年11月	澜沧江—湄公河环境合作圆桌对话系列会议	北京
2017年11月	澜沧江—湄公河淡水生态系统管理国际研讨会	北京
2017年11月	澜湄生态工业园与环境修复技术座谈会	北京
2017年12月	澜湄防洪技术培训班	武汉
2018年3月	澜湄水环境治理圆桌对话暨澜湄环境合作云南中心启动活动	昆明
2018年3月	澜湄水资源合作成果展暨澜湄水资源合作中心开放日活动	北京

---

① 《中国与湄公河流域国家加强合作应对山洪地质灾害》，新华网，2015年11月10日，http://news.xinhuanet.com/politics/2015-11/10/c_128414622.htm，访问日期：2016年12月21日。

时间	主题	地点
2018 年 5 月	澜湄水资源合作项目"中国水利水电技术标准推广培训班"	天津、北京
2018 年 8 月	"2018 澜湄之夜"水资源合作主题工作交流活动	北京
2018 年 8 月	中国与湄公河国家小流域综合治理先进技术交流会	北京
2018 年 8 月	澜湄合作计量研讨会和澜湄合作计量关键领域培训班	北京
2018 年 9 月	澜沧江—湄公河区域国家木材贸易发展战略培训班	昆明
2018 年 11 月	组织湄公河国家留学生参访中国水利工程管理部门、水利科研机构、水利水电企业和南水北调中线工程等	南京、天津、北京
2018 年 12 月	澜湄防汛抗旱技术研讨班	大理

资料来源：根据澜沧江—湄公河环境合作中心网站"能力建设"专题、"澜沧江—湄公河合作中国秘书处"官网和微信公众号、云南网相关资料统计、整理、制作。

四、区域内水资源管理合作

中国参与湄公河区域内水资源管理可分为两个阶段。第一阶段为 2015年 11 月以前，中国通过与湄公河委员会的合作参与区域内的水资源管理。第二阶段为 2015 年 11 月以后，中国逐渐开始在新成立的澜湄合作机制下展开区域内水资源管理工作，同时也注重澜湄合作机制与湄公河委员会的互动。

（一）与湄公河委员会的合作

中国除了将水文信息提供给湄公河委员会，还出席了三次湄公河委员会峰会，并表达了与湄公河委员会共同合作的意愿。2010 年 4 月，中国出席了在泰国华欣举办的首届湄公河委员会峰会，并在会上指出，中国将重视并与湄委会保持良好合作关系，继续本着"平等协商、加强合作、互利共赢、共同发展"的原则加强合作：一是增进沟通，加强互信，为共同发展营造良好的环境；二是拓宽合作平台，加强发展领域合作；三是进一步推进减灾合作，保护发展成果；四是积极开展水电开发合作，促进可持续发展；五是加强技术交流和人员互访，共同提高发展能力。2014 年 4 月，中国出席了在越南胡志明市举行的湄公河委员会第二届峰会并表示，中国重视湄委会的地位和作用，中方愿以亲诚惠容理念为指引，以湄公河为纽带，本着互利合作、共同发展的原则，进一步深化战略沟通与互信，推进次区域经济一体化进程，共建"发展共同体"和"命运共同体"，并愿在水电开发、防灾减灾、应对气候变化和能力建设等领域进一步与湄委会加强合作，推动和实现湄公河流域的强劲、包容、可持续发展。2018年4月，中国出席了在柬埔寨暹粒举行的湄公河委员会第三届峰会。中国指出，湄公河委员会是湄公河流域重要合作机制之一，肯定了湄公河委员会对促进流域国家合作与社会经济发展的作用。澜湄合作机制将与大湄公河次区域经济合作、湄委会等现有机制相互促进、协调发展。中国愿与湄公河国家一道，将澜湄合作打造成构建人类命运共同体的先行版。此外，中国还提出三点建议：一是进一步加强战略对接，积极推进"一带一路"倡议同次区域各国发展战略对接，实现增值效应，共享发展红利；二是进一步加强区域机制协作，充分利用好次区域现有合作机制渠道，加强对话伙伴协作关系，共建面向和平与繁荣的澜湄国家命运共同体；三是进一步加强务实合作，中方愿发挥自身优势，为各国开展技术培训，积极开展上下游水文站和水利设施相互考察，同时积极支持中国企业按照可持续发展理念参与各国水利建设，实现合作共赢。

（二）在澜湄合作机制下的管理与互动

澜湄合作机制下的区域内水资源管理主要包括澜湄合作机制下水资源管理平台的建立和完善以及澜湄合作机制与湄公河委员会的良性互动。

第一，澜湄合作机制下水资源管理平台的建立和完善主要包括五个方面。一是将水资源合作纳入澜湄合作机制标志着第一个六国自主的水资源合作的诞生。2015年11月12日，中国与湄公河国家正式建立澜湄合作机制，并把水资源合作列为五大优先发展方向之一。2016年3月，在澜湄合作机制首次领导人会议上，中国指出要落实好水资源合作的"早期收获项目"并建立联合工作组，负责规划和督促实施合作项目。此外，中国还将同湄公河国家共同设立澜湄水资源合作中心和环境合作中心，加强技术合作、人才和信息交流，促进绿色、协调、可持续发展。此后，2017年2月，澜湄水资源合作联合工作组第一次会议在北京举行，会议通过了联合工作组概念文件。此次会议标志着澜湄水资源合作机制正式成立。2017年6月，根据《澜沧江—湄公河合作首次领导人三亚宣言》要求，中国水利部成立了澜湄水资源合作中心，在推进技术交流、人员培训和援助项目等方面发挥了积极作用。

二是水资源合作在澜湄合作的两次领导人会议上越来越受到重视。首先，在两次会议中，水资源成为"主题关键词"。会议主题是会议的核心和要义，也是规划未来合作的重要方向。在2016年3月与2018年1月召开的两次澜沧江—湄公河合作领导人会议上，会议主题皆以"水资源"作为核心词，这正体现了水资源是澜湄合作机制以及澜湄国家命运共同体建设的起点与贯穿。2016年3月，澜沧江—湄公河合作首次领导人会议在中国海南三亚召开，会议主题为"同饮一江水，命运紧相连"，凸显了和谐的水资源合作是六国命运与共的前提与关键。2018年1月，澜沧江—湄公河合作第二次领导人会议在柬埔寨金边召开，会议主题为"我们的和平与可持续发展之河"，更凸显了"水资源合作"的核心与贯穿地位。相比第一次领导人会议，此次会议的水资源合作意味更为浓烈，中国与湄公河国家在澜湄合作机制下加强水资源合作的意愿与动力也更为强劲。其次，水资源合作成为澜湄合作第二次领导人会议的"首要政策建议"。2016年，澜沧江—湄公河合作首次领导人会议提出，要通过各种活动加强澜湄国家水资源可持续管理等方面的合作，如在中国建立澜湄流域水资源合作中心，将其作为澜湄国家加强技术交流、能力建设、旱涝灾害管理、信息交流、联合研究等综合合作的平台。但在相关推进政策中，此次会议并未将水资源合作摆在重要位置，着墨不多。但在2018年的澜沧江—湄公河合作第二次领导人会议上，中国在提出相关政策建议时，把水资源合作放在了第一点，相较第二点建议"产能合作"、第四点建议"提升人力资源合作"，水资源合作着墨较多。中国在第一点建议中指出，水是生命之源、生产之基、生态之要。应加强上下游协作，照顾彼此关切，统筹处理好经济发展和生态保护的关系。澜湄合作因水而生，也必将因水而兴。同时，中国的第二点建议亦围绕水资源合作展开，提出要"加强水利设施建设等产能合作"，"湄公河国家有建设水利等基础设施的迫切需求。中国则拥有性价比高的水利电力装备和工程建设力量，中国支持企业按照可持续发展理念，在湄公河国家参与建设一批水电站、水库、灌溉饮水工程，实现合作共赢"。关于第四点建议"提升人力资源合作"，中国提出将邀请湄公河国家一批中高级官员赴华参加水利等领域的研修。

　　三是以"首届澜湄水资源合作论坛"召开为标志的水资源合作平台迅速推进与完善。2016年3月，澜湄合作机制正式启动并把水资源合作作为五大优先领域之一。2017年，澜湄水资源合作联合工作组建立。2017年6月，澜湄水资源合作中心成立。2018年11月1日，由水利部和云南省政府共同主办的"首届澜湄水资源合作论坛"在云南昆明召开。论坛以"水伙伴合作，促永续发展"为主题，旨在打造水资源政策对话、技术交流和经验分享平台，来自澜湄合作六个成员国政府部门、科研机构、学术团体、企业以及相关国际组织近150名代表参与论坛活动。中国在论坛上表示：要进一步落实领导人会议共识；加强合作顶层设计，积极落实《澜湄水资源合作五年行动计划（2018—2022）》；深化交流合作，充分发挥澜湄水资源合作联合工作组组织协调作用和澜湄水资源合作中心支撑作用；加大资金投入，共同助力澜湄水资源合作不断取得积极成果；加强区域机制协作。

　　四是《昆明倡议》的发布以及《澜湄水资源合作五年行动计划（2018—2022）》的公布指明了未来水资源合作的实施细则与路径。澜湄合作机制正式启动后，湄公河国家以及部分域外国家对澜湄合作机制下水资源合作机制内容格外关注。虽然中国与湄公河国家的水资源合作迅速展开，但起初湄公河国家和部分域外国家因无法查阅到有关澜湄水资源具体合作条文，对澜湄水资源的可持续发展表示疑虑。因此，这两份文件的设计与公布为推动水资源的合作起到更为明确且积极的作用。《昆明倡议》提出了具体路径，通过政策对话、技术交流、经验分享、联合研究、能力建设、宣传科普等形式，积极推动澜湄水资源合作，应对水挑战。同时，该倡议明确了合作的相关行为体，促进了包括澜湄国家政府、企业、科研教育机构、民间团体及国际组织的合作，更强调了投入与共同合作等原则。《澜湄水资源合作五年行动计划（2018—2022）》作为澜湄六国水资源合作的纲领性、制度性文件，为澜湄国家命运共同体的水资源建设提供了具体的指南。

　　五是中国在澜湄合作机制下对湄公河水资源灾害合作的担当与引领。2015—2016 年，厄尔尼诺现象加强，根据世界气象组织（World Meteorological Organization）数据显示，其强度与有记录以来的最强的1997—1998 年厄尔尼诺相当，且持续时间更长，覆盖面积更大。因此，澜沧江—湄公河流域降雨量大幅减少，中国与湄公河国家受旱情影响严重。地处最下游的越南更面临 90 年不遇的旱情，近 13.9 万公顷稻米耕种面积受损，57.5 万人面临饮水困难，槟知省内大量学校、医院、工厂、酒店、餐馆面临缺水。更为严峻的是，个别国家只顾自身渔业和农业利益，泰国甚至不顾越南与柬埔寨等国的强烈反对，在未经过湄公河委员会批准的情况下，擅自将湄公河干流的水源引入本国，进一步加剧了越南的旱情与海水倒灌，而老挝在湄公河建造大坝拦水也加剧了此次旱情。因此，本应向位于其上游泰国、老挝求助的越南转而向中国请求开闸放水。尽管面临境内部分土地被淹、正常发电计划受影响等困难，中国政府仍作出积极响应，决定通过"三阶段补水计划"实施应急补水：第一阶段从 2016 年 3 月 9 日至 4 月 10 日，控制日平均出库流量不小于 2000立方米/秒；第二阶段从 2016 年 4 月 11 日至 4 月 20 日，控制日平均出库流量不小于 1200 立方米/秒；第三阶段从 2016 年 4 月 21 日至 5 月 31 日，控制日平均出库流量不小于 1500 立方米/秒。应急补水使湄公河干流水位增高0.18—1.53 米，流量增加 602—1010 立方米/秒，且湄公河三角洲河水最大含盐度下降了 15%—74%，最低含盐度下降了 9%—78%。此举得到了越南、柬埔寨、缅甸的热烈欢迎。时隔十余天，老挝政府宣布从 3 月 26 日至 5 月底，以日均 1136 立方米/秒从其水库放水，以缓解越南的旱情与海水倒灌。中国在此次应急补水行动中表现出了水资源合作的最大诚意，起到表率作用，并带动湄公河国家共同应对水资源危机，使之成为命运紧相连的共同体。

第二，澜湄合作机制与湄公河委员会的良性互动主要表现在四个方面。一是湄公河委员会对于澜湄合作机制水资源管理作用的肯定。在澜湄合作机制正式启动 8 天后，湄公河委员会于 2016 年 3 月 31 日在其官网以《澜沧江—湄公河合作机制：湄公河委员会欢迎湄公河流域六国的区域合作新举措》为题，表达了对澜湄合作机制的欢迎。湄公河委员会首席执行官范遵潘（Pham Tuan Phan）表示，湄公河委员会作为湄公河下游流域的非政府组织，十分欢迎中国与五个湄公河国家共同建立有助于地区可持续发展的澜湄合作机制。六国未来的合作将对湄公河委员会目标的实现带来益处。此后，在 2016 年 11 月 14 日，湄公河委员会官网还登载了题为《湄公河委员会与中国的联合研究表明中国应急补水提高了湄公河水位》一文，就中国与湄公河委员会联合评估此前中国实施的应急补水进行了报道。同时，湄公河委员会首席执行官范遵潘强调了中国在应对干旱中起到的积极作用，并表示，湄公河委员会十分感谢中国的友好合作，未来十分乐意同中国展开进一步合作。

二是澜湄合作机制与湄公河委员会进行联合研究。2016 年 10 月，中国水利部与湄公河委员会共同发布《中国向湄公河应急补水效果联合评估》技术报告。报告基于双方交换、共享的水文资料（除了中国在汛期分享的常规报讯水文数据，双方还交换了 2016 年枯季逐日水位和流量、1960—2009 年和 2010—2015 年多年月平均水位和流量数据），表明中国在 2016 年对下游的应急补水增加了湄公河干流的流量，抬高了水位，并且缓解了湄公河三角洲的咸潮（Salinity Intrusion）入侵。与此同时，湄公河委员会在报告中还特别指出，中国在同样遭受旱情并影响到生活用水供应与农业生产的情况下仍实行应急补水，表明了其与下游国家合作的诚意，湄公河委员会对此表示由衷感谢。

三是湄公河委员会对中国在澜湄合作机制中水资源管理正面形象的证实。在以往，中国经常被部分外国媒体和民众诟病：在上游建造大坝后致使下游泥沙沉积、给沿岸生态造成"破坏"。澜湄合作机制建立后，部分外部行为体仍旧对中国在澜湄合作机制中的水资源管理形象有所质疑。2017

年 6 月 6 日，湄公河委员会在其官网发布题为《中国大坝对湄公河流域水流影响》一文，发出了对以往不实观点的回击。文章分析指出，20 世纪 90 年代中国在湄公河干流建造的六座大坝，一直引起下游国家的担忧。实际上，中国在湄公河流域建造大坝后使得湄公河在旱季时下游水流增加，减少了干旱对地区的影响（见图 2.4 和图 2.5），而在雨季则减少了水流（见图 2.6 和图 2.7）。

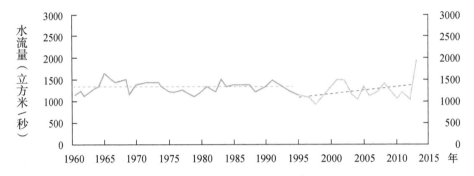

图 2.4　1960—2013 年泰国清盛（Chiang Saen）旱季水流量趋势

（资料来源：Mekong River Commission, "The Effects of Chinese Dams on Water Flows in the Lower Mekong Basin," Mekong River Commission, June 6, 2017, accessed July 22, 2019, http://www.mrcmekong.org/news-and-events/news/the-effects-of-chinese-dams-on-water-flows-in-the-lower-mekong-basin。）

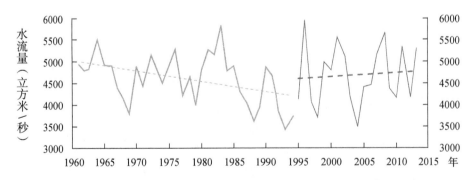

图 2.5　1960—2013 年柬埔寨桔井（Kratie）旱季水流量趋势

（资料来源：Mekong River Commission, "The Effects of Chinese Dams on Water Flows in the Lower Mekong Basin," Mekong River Commission, June 6, 2017, accessed July 22, 2019, http://www.mrcmekong.org/news-and-events/news/the-effects-of-chinese-dams-on-water-flows-in-the-lower-mekong-basin。）

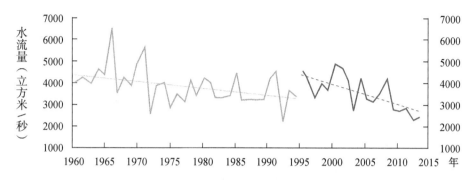

图 2.6　1960—2013 年泰国清盛（Chiang Saen）雨季水流量趋势

（资料来源：Mekong River Commission, "The Effects of Chinese Dams on Water Flows in the Lower Mekong Basin，" Mekong River Commission, June 6, 2017, accessed July 22, 2019, http://www.mrcmekong.org/news-and-events/news/the-effects-of-chinese-dams-on-water-flows-in-the-lower-mekong-basin。）

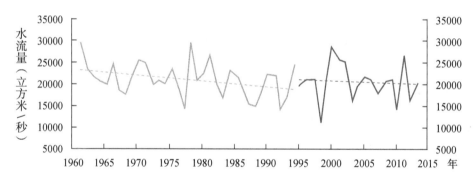

图 2.7　1960—2013 年柬埔寨桔井（Kratie）雨季水流量趋势

（资料来源：Mekong River Commission, "The Effects of Chinese Dams on Water Flows in the Lower Mekong Basin," Mekong River Commission, June 6, 2017, accessed July 22, 2019, http://www.mrcmekong.org/news-and-events/news/the-effects-of-chinese-dams-on-water-flows-in-the-lower-mekong-basin。）

　　四是湄公河委员会对于澜湄合作机制下水资源合作平台的认可和支持。2018 年 11 月在中国举办的"首届澜湄水资源合作论坛"是澜湄合作机制下重要的水资源政策、技术与经验分享合作平台。湄公河委员会的首席执行官范遵潘出席了该次会议并在会议开幕式后围绕"水资源可持续开发利用与保护"作了主旨报告。[①] 这表明，澜湄合作机制得到了湄公河委员会的认可与支

---

　　① 《首届澜湄水资源合作论坛在昆明开幕》，中国日报网，2018 年 11 月 1 日，http://cn.chinadaily.com.cn/2018-11/01/content_37183240.htm，访问日期：2019 年 7 月 22 日。

持。目前，两者在区域内的水资源管理上朝着良性合作的方向稳步发展。

第三节　中国水外交在湄公河跨界水资源合作中的模式分析

中国与湄公河国家在水利设施建设、航运经济与安全功能开发、信息交流与技术支持、区域内水资源管理等跨界水资源方面展开了深入合作。本节主要分析中国在上述跨界水资源合作方面特有的水外交模式，阐述其运行特点（中国水外交的绩效问题将在本书第三章进行探讨）。同时值得注意的是，中国在进行跨界水资源合作时并没有明确指出哪一项政策或者举措是中国的水外交。但不可否认的是，中国的这些具体举措都具备（或者部分具备）了本书第一章所论述的水外交的宏观指向、实施主体、实施目的、实施路径以及实施方式等方面的特点。和其他一些正在实施具体的水外交的国家一样，中国目前还没有将水外交提炼与系统化，但这并不妨碍对中国水外交具体实践的模式进行分析，反而为中国水外交的绩效分析、理论构建与推进策略提供了丰富的分析资料。

一、推进主体分析

中国水外交对湄公河国家跨界水资源合作的推进主体主要有两大特点。第一，中国水外交的推进主体主要为政府机构和国有企业。政府机构主要在安全类、培训类、信息分享类、航运通道建设等项目发挥重要作用，而国有企业则主要在水利设施建设与合作上发挥功能。第二，中国在推进水外交时会出现不同部门交叉参与的情况。从宏观跨界水资源合作内容推动主体来看，在有关航运安全合作上，由中国公安部带头推动；在有关区域内水资源管理合作特别是澜湄合作机制建设上，由中国外交部推动；有关交流培训与技术支持方面的活动，则由中国水利部主办。从微观某一具体跨界水资源合作内容推动主体来看，中国在参与三届湄公河委员会峰会时派出了不同部门的代表。2010年由中国外交部相关负责人出席了首届峰会并表达了中方的意见，2014 年与 2018 年又由中国水利部相关负责人分别出席了第二届和第三届峰会。

二、推进渠道分析

中国与湄公河国家跨界水资源合作中的水外交推进渠道一般以双边和多边为主，也出现由双边渠道逐渐转为多边渠道的趋势。第一，中国水外交的双边推进渠道。这是中国水外交实施的最重要推动方式，涵盖中国与湄公河国家跨界水资源合作的各个领域，尤其在水利设施合作领域，该推进渠道更是尤为明显，呈现"一枝独秀"的现象。第二，中国水外交的多边推进渠道。中国在对湄公河国家跨界水资源合作中的人才培养、技术交流、联合执法以及与湄公河委员会的合作中多采用多边推进渠道，同时与多个湄公河国家展开交流。此外，中国推动建立的澜湄合作机制下水资源合作平台更是多边推进的典型案例。第三，中国水外交在某一跨界水资源合作中由双边推进渠道逐步转为多边推进渠道。在中国与湄公河国家的航运经济与安全合作上，一开始只有中国与老挝进行双边合作。之后，中国与缅甸也进行了合作，开始转变为多个双边合作。此后，泰国也表达了合作意愿，中老缅泰四国决定将通航范围延伸到四国水域，完成了从双边合作推进模式到多边合作推进模式的转型。

三、聚焦领域分析

中国与湄公河国家跨界水资源合作的水外交领域主要以经济类与安全类项目为主，并开始日益重视并加强在技术类项目与区域管理领域的投入。第一，中国水外交针对经济类的水利项目合作（如航运贸易），不断加大力度，从而促使中国与湄公河国家在这些领域的合作在广度和深度上都有所发展。而有关安全类项目，中国水外交先在航运安全方面不断努力，之后又在澜湄合作机制下的水合作、水安全上投入了大量的精力，积极促成中国与湄公河国家的具体合作项目。第二，中国水外交开始加强对技术类项目与区域管理领域的投入，例如对湄公河国家人才的培训、对湄公河国家灾害分析的协助以及澜湄合作机制下水资源合作平台的打造等。虽然中国水外交在这方面的投入暂时不及经济类与安全类项目，但在 2015 年后呈现迅速增加态势，使其日渐成为中国对湄公河国家开展水外交的重点领域之一。

四、实施可持续性分析

在中国与湄公河国家跨界水资源合作中，中国水外交的一个特点是实施时间与力度的可持续性不一。尽管中国水外交在湄公河跨界水资源合作内容上的实施力度开始日渐增强，并力求确保每个项目的连续性和递增性，但从可持续、系统、有效的角度来考察，中国对湄公河国家的水外交仍旧存在时间与力度上的可持续性不一。首先，从时间维度来看，航道建设、水利设施项目从投入开始至今，尽管都出现过暂缓等现象，但总体是在持续进行的，只是在某一个时期内存在量的变化。而在技术类项目方面则存在断层的现象，2010 年、2011 年之后缺乏相关项目的培训，2015 年后又开始迅速发展。其次，从相关参与行为体数量上来看，在区域水管理、水利设施建设等领域，中国水外交的参与行为体（各政府部门以及各水利公司）出现"争相参与"的局面，在相关项目上的可持续性和生命力比较强。但截至 2019 年，在技术支持与人才培养上，中国水外交参与行为体的数量仍旧不足。

五、完善合作内容功能分析

中国水外交具有逐步完善中国与湄公河国家跨界水资源合作中某项合作内容功能的特色。例如，中国与湄公河国家在航运通道建设上最初是基于经济发展的需要，但借着湄公河"10·5"惨案发生的外力，中国水外交促进了中国与湄公河国家在湄公河航道安全功能的发展，最终使湄公河河道朝着政治经济复合型航道的方向发展。同时，在信息数据分享上，中国借助水外交与湄公河委员会开展了逐步、渐进式的沟通、交流，从不共享数据到定期共享，并在特殊时期主动共享。此外，在水资源合作平台搭建上，中国水外交更是积极推动，从无到有，在澜湄合作机制下搭建起了六国共治并受到湄公河委员会认可的水资源管理平台。

第三章

中国水外交在湄公河水互动中的
绩效评估

本章分析中国水外交在湄公河水互动中的实施绩效，具体包括跨界水资源开发权利维护绩效、水经贸关系发展绩效、水竞争应对绩效、水舆情调控绩效、外交战略辅助绩效、地缘秩序建设绩效。在每一节中，首先会根据第一章水外交理论提出具体的绩效评估标准，然后就中国水外交的实施情况进行考量。

第一节　跨界水资源开发权利维护的绩效评估

一、跨界水资源开发权利维护的绩效评估标准

在对水外交的跨界水资源开发权利维护绩效标准探讨前，需要注意的是，水外交的水权有五种模式，即绝对领土主权理论、绝对领土完整理论、先占用主义理论、限制领土主权理论、共同利益理论。本部分评估绩效的前提条件是水权为限制领土主权理论（即自主开发不以损害他国利益为限），因此，水外交对国内跨界水资源开发权利维护将起到重要作用。此外，当区域内跨界水资源合作日趋成熟，水外交中的水权朝着共同利益理论发展时（即树立共同意识，采用共同管理），国内跨界水资源开发权利更需要水外交进行保障。在此前提下，水外交的跨界水资源开发权利维护绩效评

估标准有以下两个方面：第一，一国（或政府间国际组织）在本流域段内或者与他方合作项目中其开发权利是否得到保障；第二，一国（或政府间国际组织）在受到流域内其他国家（或政府间国际组织）、域外国家（或政府间国际组织）、非政府组织等的负面策略影响下，是否能开展本流域段内或者与他方合作项目中跨界水资源开发项目，还是会有所制约甚至完全退让。

二、中国水外交的跨界水资源开发权利维护绩效评估

第一，中国水外交保证了中国流域段内的大多数水利项目的开发权利。中国水外交通过对外增信释疑以及主动放弃本流域可能对湄公河下游存在影响的水利设施，保证了水资源开发权利，更确保了未来开发权利的合理性。首先，中国水外交不断加深同湄公河国家与湄公河委员会的合作与沟通，特别是对于部分水电站（小湾电站、漫湾电站等）负面舆论的解释，使得总体上中国在本流域段内的水利设施建设得以保证，现在建成和在建的水利设施有功果桥电站、小湾电站、漫湾电站、大朝山电站、糯扎渡电站、景洪电站、橄榄坝电站。其次，中国通过放弃部分水利设施建设的水外交举动，获得湄公河国家的认可，保证中国未来在本国流域段内的水利设施建设权利。例如，勐松电站原本是中国在本国湄公河流域规划的重要水电站之一，但考虑到该电站会阻隔下游鱼类洄游通道，因此放弃建设。[①]

第二，中国水外交基本确保了在湄公河非我流域段内的开发权利。中国水外交推动和基本保障了中国与湄公河国家在非我流域段内的水利设施投资与航道的发展。首先，在水利设施建设上，中国与老挝的南塔河 1 号水电站项目、北本水电站项目、萨拉康水电站项目、色拉龙 2 号水电站项目，及柬埔寨的甘再水电站项目等稳步开展。其次，中国与湄公河国家在航运贸易发展、安全功能建设上，也通过水外交的双边协商、多边谈判等方式，

---

① 《可持续发展最符合澜沧江—湄公河流域各国利益》，中国新闻网，2010 年 5 月 24 日，http://www.chinanews.com/ny/news/2010/05-24/2300582.shtml，访问日期：2016 年 12 月 26 日。

签订了协议，建立合作关系，并稳步推进。需要注意的是，与中国流域段内开发权利保护相比，在非我流域段的水利设施项目开发以及航运深度合作层面上，中国水外交仍旧无法起到全面的保障作用。合作水利项目的正常实施与否以及航运安全能否进入深度合作，还受制于湄公河国家的国内政策、当地社区民众态度、部分非政府组织和国际舆论影响等因素。

第二节　水经贸关系发展的绩效评估

一、水经贸关系发展的绩效评估标准

中国水外交的水经贸关系发展绩效评估标准有以下三个方面：第一，水外交是否保障了一国国内（或政府间国际组织区域内）水经济项目的展开，并促进了本流域段内的经济水平提升与当地生活水平的提高；第二，一国（或政府间国际组织）的水外交是否能保障自身企业在他方流域内的水资源投资和项目合作的经济效益；第三，水外交是否能有效促进一国（或政府间国际组织）与流域内其他国家（或政府间国际组织）的水经济关系的提升、水项目合作的增加，并使双方或者多方受惠；第四，一国（或政府间国际组织）的水外交是否能有效促进区域整体经济水平的上升以及区域经济的融合。

二、中国水外交的水经贸关系发展绩效评估

第一，中国水外交为国内流域内的水项目开展提供保证并促进了当地的经济水平的提升。虽然国内流域段的开发权更多来自本国，但为建立起与湄公河国家良好的水关系，中国通过水外交营造了与湄公河国家的较为融洽的关系，以保障本国流域内的水利设施建设，促进当地的经济发展。中国位于湄公河自身流域段的水利设施建立在云南地区，而这些地区一般经济并不发达。中国在建设大坝的初期，设计建造了功果桥电站、小湾

电站、漫湾电站、大朝山电站、糯扎渡电站、景洪电站、橄榄坝电站和勐松电站（出于保护湄公河下游环境需要，中国放弃了勐松电站建设），总投资约 1350 亿元，其中约有 400 亿元在云南地区投入。因此，水电站建设为当地生产企业、建材加工、第三产业的发展提供了巨大市场，还增加了当地地方收入与人民收入，并提供了廉价的电力。[①] 例如，华能澜沧江公司在 2003 年至 2010 年建设水利设施的过程为云南缴纳地方各种税费总计 42.66 亿元。同时，云南还可通过"云电外送"，将电力卖给泰国等湄公河国家，进一步拉动了地区的经济发展。[②]

第二，中国水外交有效促进了自身与流域内其他国家的水经济关系的提升。中国水外交积极拓展同湄公河国家间的水资源经济合作，通过将自身的技术资金与对象国的资源相结合的方式，使双方受益。中国水外交积极推动与湄公河国家在水利设施方面的建设合作。中国通过投资合作的方式与湄公河国家共同建设水利项目，促进当地经济发展。例如，老挝国家经济发展落后，但水力资源丰富，因此，中国与老挝共同建设南塔河 1 号水电站、北本水电站、萨拉康水电站、色拉龙 2 号水电站等，优化了老挝当地的能源结构，并帮助老挝成为"东南亚的电池"。老挝也通过将电力出口给泰国，有效拉动了自身经济的发展。[③] 因此，中国与老挝之间的水经济关系更为巩固。此外，中国同样也在柬埔寨、缅甸等地区进行了水利项目的投入。

第三，中国水外交促进了区域经济关系的融合。中国水外交在 1990 年就积极投入湄公河航运贸易的建设，并从最初的中国—老挝、中国—缅甸的双边贸易通道，扩展到了中国、缅甸、老挝、泰国的流域内航运贸易通道，并大大促进相互间航运贸易往来与区域经济关系的融合。在昆明—曼谷公路建成通车后，航运贸易依然在联系区域经济关系上发挥着重要作用。

---

① 郑江涛：《澜沧江干流水电开发在云南经济发展中的作用》，《云南水力发电》2004 年第 5 期，第 19—20 页。

② 同上。

③ 《老挝力推区域电力一体化 欲建成"东南亚电池"》，国际在线，2014 年 9 月 25 日，http://gb.cri.cn/42071/2014/09/25/6071s4705945.htm，访问日期：2016 年 12 月 26 日。

这从 2014 年 1 月至 7 月使用湄公河河道运输和昆曼公路运输的对比情况可以看出（见表 3.1）。

表 3.1　2014 年 1—7 月湄公河河道运输和昆曼公路运输对比

	双边货物价值总额（亿铢）	占比（%）	出口货物价值总额（亿铢）	占比（%）	进口货物价值总额（亿铢）	占比（%）
河道航运	17.8220	52.92	15.8779	73.24	1.9441	16.20
昆曼公路	15.8536	47.08	5.8000	26.76	10.0536	83.80
总　计	33.6756	100.00	21.6779	100.00	11.9977	100.00

资料来源：《湄公河货运兴旺，带动码头竞争》，中华人民共和国商务部网站，2014 年 10 月 20 日，http://www.mofcom.gov.cn/article/i/dxfw/cj/201410/20141000765469.shtml，访问日期：2016 年 12 月 26 日。

注：原文中对河道航运的运输双边货物价值百分比计算错误，本书进行了重新计算。

第三节　水竞争应对的绩效评估

一、水竞争应对的绩效评估标准

考量水外交应对水竞争的绩效评估标准主要为：第一，一国（或政府间国际组织）的水外交能否有效促成其与流域内其他国家的良性竞争开发局面；第二，一国（或政府间国际组织）的水外交能否与流域内的水管理组织形成良性的合作关系；第三，一国（或政府间国际组织）能否在应对外来恶意竞标和投资的情况下保证自身的水利益；第四，一国（或政府间国际组织）的水外交能否具备在资金、技术、人才培养等方面进行有效投入并与域外国家形成共同合作的能力。

二、中国水外交的水竞争应对绩效评估

第一，中国水外交已经逐步化解中国与湄公河委员会的非善意竞争并

朝着良性竞争的方向发展。中国与湄公河委员会在 20 世纪 90 年代互动较少，各自在湄公河水资源开发上"自行其是"。之后，中国逐渐转变与湄公河委员会的交流方式，先于 2002 年与湄公河委员签订了水信息分享的协议，2008 年又续签了协议。之后更是加大力度，为了帮助下游国家应对灾害，还在特殊时期将相关水信息提供给湄公河委员会秘书处。这增进了中国与湄公河委员会之间的关系。[①] 此后，中国进一步加强同湄公河委员会的沟通，除了人员技术培训合作，在 2010 年、2014 年、2018 年还分别派出外交部与水利部的重要官员参与在泰国、越南、柬埔寨举行的三届湄公河委员会峰会，表达了互利合作、共同发展的意愿，并愿意在水电开发、应对气候变化、防灾减灾等方面进一步加强合作，受到了湄公河委员会的好评。在中国受到水资源开发质疑时，湄公河委员会的相关官员也会为中国发声并向中国道歉。例如，在 2014 年的第二届湄公河委员会峰会上，有越南记者就 2010 年的干旱问题向中国官员发难。会后，湄公河委员会官员就越南记者无理的指责向中国官员表示道歉。2016 年湄公河干旱后，湄公河委员会发布了题为《湄公河委员会与中国的联合研究表明中国应急补水提高了湄公河水位》的报道，强调中国在应对干旱中起到的积极作用。[②] 中国与湄公河委员会还对此次干旱情况进行共同研究并发布《中国向湄公河应急补水效果联合评估》技术报告。2017 年，湄公河委员会又发布了《中国大坝对湄公河流域水流影响》一文，并指出，自 20 世纪 90 年代起，中国在湄公河干流建造六座大坝使得湄公河在旱季时下游水流增加，减少了干旱带

---

① 卢光盛：《中国加入湄公河委员会，利弊如何》，《世界知识》2012 年第 8 期；《中国与湄公河流域国家加强合作应对山洪地质灾害》，新华网，2015 年 11 月 10 日，http://news.xinhuanet.com/politics/2015-11/10/c_128414622.htm，访问日期：2016 年 12 月 26 日。

② Mekong River Commission, "China's Emergency Water Supply Increased Mekong's Water Level, Says an MRC-China Joint Study," November 14, 2016, accessed December 26, 2016, http://www.mrcmekong.org/news-and-events/news/chinas-emergency-water-supply-increased-mekongs-water-level-says-an-mrc-china-joint-study/.

来的负面影响，而在雨季则减少了水流量。① 2018 年湄公河委员会首席执行官范遵潘还出席了在中国召开的"首届澜湄水资源合作论坛"并作主旨报告。② 综上可以看出，中国与湄公河委员会的非善意竞争关系已经消除，开始走向了相互理解与合作的阶段。

第二，中国水外交的部分举措有效应对了域外国家的水竞争。美国、日本、澳大利亚、韩国在湄公河地区参与水竞争时运用了多种方式，其中最明显的就是建立双边的合作关系并设定相关议程。例如，美国推行"湄公河下游之友"行动计划，并建立密西西比河委员会与湄公河委员会的"姐妹河"合作关系。③ 日本推行与湄公河国家的"绿色湄公河"合作倡议，澳大利亚举办"湄公河水、粮食、能源论坛"④，韩国则提出要创造"湄公奇迹"并与湄公河国家建立"行动计划"⑤。中国也在 2016 年启动澜湄合作机制，并下设水资源合作优先领域，建立与湄公河国家"同饮一江水，命运紧相连"的水关系，同时还推出了"早期收获项目"，并在此后与湄公河国家建立水资源合作中心与平台。因此，中国水外交也已经促使中国与湄公河国家建立了水关系发展的合作平台，以应对域外国家的水竞争。

---

①　Mekong River Commission, "The Effects of Chinese Dams on Water Flows in the Lower Mekong Basin," June 6, 2017, accessed July 22, 2019, http://www.mrcmekong.org/news-and-events/news/the-effects-of-chinese-dams-on-water-flows-in-the-lower-mekong-basin.

②　《首届澜湄水资源合作论坛在昆明开幕》，中国日报网，2018 年 11 月 1 日，http://cn.chinadaily.com.cn/2018-11/01/content_37183240.htm，访问日期：2016 年 12 月 26 日。

③　《美国与湄公河下游国家高官会在缅甸举行》，越南人民报网，2014 年 6 月 10 日，http://cn.nhandan.com.vn/mobile/mobile_international/mobile_international_news/item/2085501.html，访问日期：2016 年 12 月 26 日；Lauren Caldwell, "Nations Aim to Mitigate Effects of Climate Change in Mekong Basin," U.S. Department of State's Bureau of International Information Programs, July 30, 2009, accessed December 26, 2016, http://iipdigital.usembassy.gov/st/english/article/2009/07/20090730164959kjleinad2.148074e-02.html.

④　《评论：湄公河流域将成为下一个东亚博弈主战场》，中国网，2012 年 4 月 27 日，http://www.china.com.cn/international/txt/2012-04/27/content_25254914.htm，访问日期：2016 年 12 月 26 日。

⑤　《韩国与湄公河五国举行外长会议　拟加强民间交流》，新华网，2014 年 7 月 28 日，http://news.xinhuanet.com/world/2014-07/28/c_126806456.htm，访问日期：2016 年 12 月 26 日；《韩国—湄公河外长会议首次通过"行动计划"》，国际在线，2014 年 7 月 30 日，http://gb.cri.cn/42071/2014/07/30/5931s4634204.htm，访问日期：2016 年 12 月 26 日。

第三，中国水外交在促成中国与湄公河委员会形成良性合作关系的表现上尚不尽如人意。截至 2019 年，虽然中国运用水外交已经改变了与湄公河委员会的关系，并就相关议题进行讨论与合作，但这些合作与商谈仍旧停留在表面，并没有建立深层次的合作关系。例如，上文已经提及，在 2014 年召开的湄公河委员会峰会上仍旧有越南记者有恃无恐地就 2010 年湄公河的干旱对中国进行指责，说明当时场内以及湄公河委员会内一部分人仍旧持有这种错误观点。此外，在 2016 年澜湄合作机制启动以及把水资源合作列为五大优先领域之一的前提下，湄公河委员会仍旧积极推行《湄公河委员会战略计划（2016—2020）》，并欲把缅甸扩展为湄公河委员会成员国。[①] 由此可以看出，湄公河委员会仍旧暗暗与中国较劲，希望独自运行一套水管理系统，发出另一种声音。因此，中国水外交在中国与湄公河委员会良性合作关系的促进上仍旧有待加强。

第四，中国水外交在应对域外国家水竞争上投入不足且目前无法与域外国家形成良性合作。首先，在投入方面，中国水外交目前在人员培训、技术支持、生态环境保护等方面的投入少于域外国家。另外，合作机制建设虽然已经起步，但详细的水资源管理细则还不明朗。其次，从与域外国家的良性合作上来看，在较短时期内还无法达成共识。目前，中国水外交的自我建设仍需要长时间逐步完善，中国如何与域外国家在湄公河水资源方面建立起良性合作的探索更是需要假以时日。

---

① "Myanmar to Consider Becoming Full Member of Mekong River Commission: President," Mekong Eye, October 27, 2016, accessed December 26, 2016, https://www.mekongeye.com/2016/10/31/myanmar-to-consider-becoming-full-member-of-mekong-river-commission-president/; "Myanmar to Consider Becoming Full Member of Mekong River Commission, Says President U Htin Kyaw," News Crab, October 27, 2016, accessed December 26, 2016, http://www.newscrab.com/myanmar-to-consider-becoming-full-member-of-mekong-river-commission-says-president-u-htin-kyaw/;《越南国家主席陈大光同缅甸总统吴廷觉举行会谈》，越南人民报网，2016 年 10 月 26 日，http://cn.nhandan.com.vn/political/item/4556501-%E8%B6%8A%E5%8D%9 7%E5%9B%BD%E5%AE%B6%E4%B8%BB%E5%B8%AD%E9%99%88%E5%A4%A7%E5%85% 89%E5%90%8C%E7%BC%85%E7%94%B8%E6%80%BB%E7%BB%9F%E5%90%B4%E5%BB% B7%E8%A7%89%E4%B8%BE%E8%A1%8C%E4%BC%9A%E8%B0%88.html，访问日期：2016 年 12 月 26 日。

第四节　水舆情调控的绩效评估

一、水舆情调控的绩效评估标准

水外交的舆情调控绩效评估标准有以下三个方面：第一，一国（或政府间国际组织）的水外交是否具有完善的调控水舆情系统，即是否有网络、纸质出版物、电视台等多种可利用的平台，以及多语言的传播渠道；第二，一国（或政府间国际组织）的水外交调控水舆情系统能否在国际水舆论中占据主动权和主导权，能让流域内其他成员、水管理组织、相关国际机构、非政府组织了解与理解该国的跨界水资源开发、合作与冲突解决的意图；第三，一国（或政府间国际组织）能否对负面国际水舆情做出及时反馈，并扭转负面舆情信息，消除不实舆情的负面影响。

二、中国水外交的水舆情调控绩效评估

第一，中国水外交在回应负面国际舆情上及时主动，遏制了负面舆情的进一步发展。中国和湄公河国家在湄公河跨界水资源合作中，在有关旱情防治、航道开发、环境保护、技术培训等议题上有时会被部分湄公河国家和域外行为体所诟病。但是，中国水外交已经从一开始的被动应对逐渐转为积极主动。例如，在应对 2010 年和 2016 年的湄公河干旱问题上，中国第一时间用数据和事实对针对中国的不实指责做了回应。[①]在 2014 年因投资柬埔寨建设甘再水电站（位于湄公河支流甘再河上）引起的"失地农民"抗争问题上，中国又主动出击并表明投资甘再水电站促进了当地农民生活水平的提高。[②]在 2017 年关于"湄公河疏浚"争议问题上，中

[①]　《中方一直本着负责任的态度开发利用湄公河上游水资源》，新华网，2010 年 3 月 30 日，http://news.xinhuanet.com/world/2010-03/30/c_128105.htm，访问日期：2015 年 5 月 10 日；《中国将公开数据回应建水坝致湄公河干旱说法》，凤凰网，2010 年 5 月 10 日，http://news.ifeng.com/mainland/detail_2010_05/10/1502091_1.shtml，访问日期：2016 年 12 月 26 日；《中国驻缅甸大使洪亮谈澜湄合作："没有水，哪有命"》，国际在线，2016 年 3 月 20 日，http://news.cri.cn/2016320/b47dc415-30ad-6e48-2054-fa6ffe96ad59.html，访问日期：2016 年 12 月 26 日。

[②]　《湄公河流域水电开发：要环保也要光明》，中国新闻网，2014 年 5 月 5 日，http://www.chinanews.com/gn/2014/05-05/6132169.shtml，访问日期：2016 年 12 月 26 日。

国对疏浚工程对湄公河国际航道与周边地区发展的利好做出了解释，并对存在争议之处的中方未来措施做出了回应。[①] 在 2018 年美国借老挝溃坝事件对中国进行抹黑时，中国及时获悉并迅速做出有力的回击，同时通过多语言渠道做了很多解释工作，避免了湄公河国家的误解。2020 年，美国借极端天气与新冠疫情叠加造成的湄公河用水紧张，对中国发起了长达数月的湄公河"水舆论战"。[②] 中国据理力争，基于旱情事实、水文数据，通过官方、媒体、民间等多重渠道就旱情本身做出科学解释，在"水舆论战"中捍卫了自身的水权益，掌握了舆论主导权。[③] 中国水外交对于负面国际舆情回应的及时主动，减少了湄公河国家对中国的误解，防止了负面舆情的进一步扩散。

第二，中国水外交多角度应对负面国际舆情，帮助对象了解事实真相。中国水外交已经开始由传统的官方部门和代表单一发声，转变为从不同视角来阐明负面舆情的不实性。例如，在 2010 年的湄公河干旱问题上，通过国内外研究东南亚和湄公河的学者、从事湄公河开发的政府官员与技术人员等角度，对干旱问题的产生做出了解释与回应。[④] 同时还借助外媒报道的泰国政府观点来说明事实真相。[⑤] 在 2014 年有关柬埔寨甘再水电站"失地农民"问题上，通过"失地农民"自述水电站建设对其经济收入与生活水平的提高来应对负面舆情。[⑥] 在 2016 年有关投资建设的柬埔寨"桑河二级水电站"问题上，则从外国非政府组织、柬埔寨、中国三方的角度，通过列举事实的方式对负面舆情进行了回应。[⑦] 中国在 2016 年对湄公河应急补水引

---

① 《关于"湄公河疏浚"争议，我驻泰领事有话说》，环球网，2017 年 1 月 20 日，http://world.huanqiu.com/exclusive/2017-01/9986342.html，访问日期：2017 年 1 月 25 日。

② 张励：《新冠疫情下美国掀湄公河水舆情风云》，《世界知识》2020 年第 12 期，第 34—35 页。

③ 张励：《美借湄公河对华大打"水舆论战"》，《环球时报》2020 年 9 月 15 日第 7 版。

④ 《中国将公开数据回应建水坝致湄公河干旱说法》，凤凰网，2010 年 5 月 10 日，http://news.ifeng.com/mainland/detail_2010_05/10/1502091_1.shtml，访问日期：2016 年 12 月 27 日。

⑤ 《法媒：泰希望中国帮助解决湄公河干旱》，网易网，2010 年 3 月 8 日，http://news.163.com/10/0308/08/6187IOJ5000146BD.html，访问日期：2016 年 12 月 27 日。

⑥ 《湄公河流域水电开发：要环保也要光明》，中国新闻网，2014 年 5 月 5 日，http://www.chinanews.com/gn/2014/05-05/6132169.shtml，访问日期：2016 年 12 月 27 日。

⑦ 《看中企在柬埔寨如何化解"大工程魔咒"》，环球视野网，2016 年 1 月 15 日，http://www.globalview.cn/html/global/info_8592.html，访问日期：2016 年 12 月 27 日。

来"不实非议"之后，又与湄公河委员会进行共同研究并发布《中国向湄公河应急补水效果联合评估》技术报告。2020 年，面对美国发起的"水舆论战"，中国清华大学跨境河流水与生态安全研究中心、中国水利水电科学研究院水力学研究所共同编制了《澜沧江—湄公河流域干旱特性与水库调度影响评估研究》，就澜湄流域干旱特性、水库梯度对干流流量影响等进行了有理有据的分析。此后，湄公河委员会发布的《2020 年 1 月至 7 月湄公河下游流域的水文状况》研究报告也佐证了中方观点，认为中国澜沧江梯级水库具有"调丰补枯"功能，有助于维持湄公河的流量稳定。① 中国水外交从多视角切入来回应负面国际舆情，以帮助公众了解事实，增加了报道的可信性，从而扭转了负面国际舆情。

第三，中国水外交通过参与式、体验式的方式拓展传播群体和传播深度，增强了水舆情调控系统的范围与成效。首先，中国水外交开始注重多国群体参与式，以帮助国外了解湄公河中国流域段的实情。中国邀请湄公河国家及相关国家，通过实地调研参与的方式，深入了解中国境内湄公河流域的真实情况。例如，2021 年，中国举行了"2021 澜湄万里行"中外媒体大型采访活动。近百位中外媒体记者从中国青海省玉树州杂多县出发，沿着湄公河源头澜沧江，顺流而下，经青海，入西藏，总计行程 3000 多千米，以了解湄公河中国流域段的生态保护、经济发展、文化渊源等水资源综合治理开发的成效。② 其次，中国水外交开始运用多元体验式，让中国与湄公河国家的青年以设计者、决策者的身份来了解湄公河、治理湄公河。例如，中国自主或积极与湄公河国家举办"第二届澜湄水资源合作论坛青年论坛"、"澜湄合作国际设计大赛"、"澜湄未来外交官研修计划"、"湄公河青年在线：澜湄区域治理"讲习班等活动。通过上述平台，六国青年从水外交、水治理、水设计、水知识等多种角度进行多角色的体验，从而增加对湄公河的当下

---

① 张励：《美借湄公河对华大打"水舆论战"》，《环球时报》2020 年 9 月 15 日第 7 版。

② 《人民日报看澜湄——"澜湄万里行"，外媒记者这样看》，澜沧江—湄公河合作网，2021 年 11 月 1 日，http://www.lmcchina.org/2021-11/01/content_41736701.htm，访问日期：2021 年 12 月 1 日。

发展与未来路径的了解，以真实掌握水实情并提升水责任，以便有效减少和避免未来负面水舆情带来的冲击。

第五节　外交战略辅助的绩效评估

一、外交战略辅助的绩效评估标准

水外交的外交战略辅助绩效评估标准有以下三个方面：第一，一国（或政府间国际组织）的水外交能否有助于本国的对外战略展开，特别是针对流域内国家的对外战略目标的实现；第二，一国（或政府间国际组织）的水外交能否与特定的某种其他战略形成一种良性的互动关系，彼此促进与补益；第三，一国（或政府间国际组织）的水外交能否促进自身与其他流域成员国的互信关系。

二、中国水外交的外交战略辅助绩效评估

第一，中国水外交促进了中国在湄公河地区的部分战略目标实现。湄公河地区是中国对外关系较为稳固的地区，也是中国实施"一带一路"倡议与构建人类命运共同体的重点区域，其目标要打造"大湄公河次区域经济合作新高地""中国—中南半岛经济走廊"以及构建起澜湄国家命运共同体。中国水外交在促进同湄公河国家水利设施建设、航道贸易、航道安全以及部分人才培训与技术支持上发挥了重要作用，并逐步消除了中国与湄公河国家之间有关水冲突的分歧，使得中国与湄公河国家关系更为巩固，也使得湄公河国家更为主动、积极地参与到中国倡导的共建"一带一路"、建设澜湄国家命运共同体之中，有效保证了中国在湄公河地区的部分战略目标的实现。

第二，中国水外交帮助中国与湄公河国家建立起了水信任。水信任问题一直是影响中国与湄公河国家水合作水平难以突破、水冲突持续增加的

根源，它隐藏于跨界水资源问题的各种表象之下，阻碍着双边关系与地区关系的发展。中国水外交逐步促进了中国与湄公河委员会的关系改善，并在有关湄公河干旱、航道疏浚、大坝建设等方面给出了有力回应。此外，中国还给予了湄公河国家在水灾治理方面的建议与技术支持。这些举动缓解了湄公河国家对中国的不信任感。同时，中国水外交在实施过程中从只关注对象国政府和企业，向关注政府、企业、社区、民众的方向发展，这有助于改善当地民众生活，加强基础设施建设，并极大地增强了湄公河国家的不同社会阶层对中国的水信任度。

第三，中国水外交在制约部分湄公河国家非善意战略上发挥了作用。中国水外交凭借自身身处湄公河流域上游的地理优势，以及在湄公河大旱时向湄公河国家放水的举动，向湄公河国家释放出一种信号，即中国具备在湄公河水流、水质控制上的主导权，对湄公河国家的生活、生产用水以及电力、农业、渔业发展具有较大的影响力。因此，湄公河国家在地区关系发展、全球关系发展的战略部署中会对此有所顾虑，对可能损害中国利益的非善意战略有所限制，相关行动也会有所收敛。例如，越南身处湄公河最下游，由于天气变暖、海平面上升、农业用水增加等原因造成海水倒灌，影响农业发展。因此，越南对于中国的水资源依赖度强，在与中国的南海问题上不得不考量此因素。所以，中国通过水外交的善意之举对湄公河国家的非善意战略形成了制约。

第四，中国水外交目前对整体外交战略的辅助作用仍旧有限。尽管中国水外交增进了中国与湄公河国家互信，促进了中国周边战略的布局并起到了制约湄公河国家非善意战略的作用，但由于其本身研究的不足与实施经验的缺乏，对于整体外交战略的辅助作用仍旧有限。具体表现在，首先，外交战略辅助的成本较高。与临时出现水问题组建相关团队进行研究与投入的方法相比，虽然中国水外交的实施更为经济有效，但其系统本身还并不完备，在解决部分水合作问题与水冲突时仍旧需要采取部分临时措施，存在对相关内容的重复性投入现象。其次，湄公河水问题一直是域内国家谈判的砝码也是域外行为体介入的突破口。中国水外交实施力度不大，举措不足，如果运用不当，很可能被解读为带有侵略性，从而对中国的对外整体布局造成不利影响。

第六节　地缘秩序建设的绩效评估

一、地缘秩序建设的绩效评估标准

水外交的地缘秩序建设绩效评估标准有以下两个方面：第一，一国（或政府间国际组织）水外交的实施能否促进流域内水秩序的建设，形成一套有效的区域内部的水资源管理体系；第二，一国（或政府间国际组织）水外交能否促进地区内整体秩序的建设。具体体现在是否提高了区域内水资源开发与保护管理机制，完善了区域内的机制，提升了地区整体秩序。

二、中国水外交的地缘秩序建设绩效评估

第一，中国水外交推动了湄公河地区内的水秩序建设。湄公河流域现有的湄公河委员会在成员组成、管理有效性上存在不足，流域内的水秩序建设存在漏洞，跨界水资源问题频发（包括湄公河委员会成员国间的问题）。中国则在泰国倡议、其他四个湄公河国家共同支持下，设计了澜湄合作机制下水资源管理的模块。该模块无论在涵盖成员、自主性上都远胜于湄公河委员会，促进了地区水秩序的初步构建。此外，中国水外交还继续在澜湄合作机制下的水资源领域推动水资源合作中心建设与"早期收获项目"的实施，这进一步巩固了地区水秩序的基础。上述举动获得了湄公河委员会的认可与支持，委员会认为这将有助于湄公河委员会目标的实现。① 需要

---

① "Lancang-Mekong Cooperation: MRC Welcomes the New Initiative for Regional Cooperation by Six Countries in the Mekong River Basin," Mekong River Commission, March 31, 2016, accessed December 27, 2016, http://www.mrcmekong.org/news-and-events/news/lancang-mekong-cooperation-mrc-welcomes-the-new-initiative-for-regional-cooperation-by-six-countries-in-the-mekong-river-basin/.

指出的是，地区水秩序的建设不仅缘于中国水外交的推动，还缘于流域内他国的共同支持以及流域内各国对跨界水资源开发的客观需求。中国作为该地区的大国，在地区水秩序的建设上确实借助水外交发挥了重要作用。

第二，中国水外交促进了地区内整体秩序的建设。湄公河是联系中国与湄公河国家的天然纽带，是加强地区内整体秩序建设的重要通道和着力点。中国水外交通过强调跨界水资源合作，建立水资源管理平台等途径，不断强化澜湄国家命运共同体与"同饮一江水，命运紧相连"的观念，使得在湄公河地区秩序建设过程中有了一个核心的理念与精神。这无疑成为地区整体秩序建设的一个有利因素。与此同时，中国水外交又通过完善合作机制下的水资源管理与合作功能，使得地区管理制度的涵盖领域全面，不容易造成漏洞。与之相反的例子是大湄公河次区域经济合作。该合作机制在 1992 年亚洲开发银行（Asian Development Bank）倡议下建立，为区域经济合作机制，成员国包括中国、缅甸、老挝、泰国、柬埔寨、越南。虽然该合作机制同样涉及水资源经济合作的相关议题，但由于其主要指向是经济合作，因而在水资源管理和维护上有所欠缺，无法有效应对这方面出现的问题，从而影响湄公河地区秩序的建设。所以，中国水外交促使澜湄合作机制下水管理模块的设立与完善，为地区内整体秩序的建设提供了更为全面的保障。

第三，中国水外交在促进水秩序持续化与地区秩序良性化发展方面还需要经受考验。虽然中国水外交促成了地区内水秩序的建设，但现有中国水外交的体系仍不完善，湄公河地区内的部分跨界水资源问题复杂且有些问题仍处于搁置状态。由此可见，地区内水秩序的建立与这些问题的解决息息相关，而这些问题的解决又有赖于水外交本身的完善与取得实效。与此同时，中国水外交尽管也促成了地区内的秩序建设，但湄公河地区的政治、经济、环境因素复杂，域外行为体在本地区的战略活动频繁，特别是在跨界水资源管理问题上涉足较深。因此，中国水外交能否持续推动地区的秩序建设，也与中国水外交自身发挥的作用与效率密切相关。

第四章

中国水外交的升级路径、推进策略与发展趋势

本章首先就中国水外交的升级路径进行探讨，提出要从目标定位、实施主体、实施对象、指向领域、实施原则等方面着手，建立起体系完备、功能健全的中国水外交。接着在把握水外交宏观内容的基础上，针对中国与湄公河国家的水互动，提出在互信建设、区域水资源管理平台、水资源合作内容、域内相关合作机制协调、与域外行为体的竞合关系处理、企业社会责任、水舆论宣传与管理、智库建设等方面的具体推进策略，以起到提升跨界水资源合作水平的作用。最后，展望中国水外交的未来发展趋势。

第一节　中国水外交的升级路径

尽管中国水外交进行了初步的实践探索，并已积累了一定的实践经验，但整体体系尚不完备，仍有着较大的建设与发展空间。本节主要从目标定位、实施主体、实施对象、指向领域、实施原则等五个方面着手，探讨中国水外交的具体升级路径。

一、目标定位

中国水外交的目标定位既要符合中国整体周边外交战略布局的宏观需要，也要符合处理具体水合作议题的微观需求。

第一，从宏观目标定位上看，水外交是外交的分支，更是周边外交的重要组成部分（因为水外交一般涉及跨界河流，其对象往往在一国或政府间国际组织的周边）。它的最高目标就是要建立跨界水资源合作和处理好水竞争议题，不断深化同周边国家的政治关系，巩固经济纽带，加强安全合作深度，增强人文交流联系，以创建良好的周边外交环境，建立起稳定发展的地区秩序。对于中国而言，中国水外交的宏观目标就是要建立并不断加强同周边国家的合作共赢关系，减少本地区的冲突，尤其是水议题相关冲突。同时也要减少乃至消除域外国家与组织在本流域水议题方面的负面干扰，从而有助于高质量共建"一带一路"、构建澜湄国家命运共同体等目标的实现，也有助于形成中国新型的周边外交。

第二，从微观目标定位上来看，中国水外交要把握好跨界水资源合作的深度与广度，处理好在水竞争中的离心力与向心力问题。首先，在跨界水资源合作的深度与广度的目标把握上，由于跨界水资源涵盖领域较广，涉及互联互通、政治互信、安全建设、经济发展等诸多议题，在具体项目上又有平台建设、航运开发、水利项目建设、水信息分享、技术与人员培训等，因此，中国水外交不但要注重合作领域的不断扩展，更要朝着深度建设的方向推进。其次，在跨界水资源竞争中的离心力与向心力的目标把握上，中国水外交要避免或者减小由于域内外非善意水竞争所带来的双边、多边或者区域内的离心力。同时通过水外交促成良性的水竞争局面，最优化流域内各国的开发资源。此外，通过开展区域水资源机制建设以及与流域国家的双边水资源项目合作来不断加大向心力，并抵消离心力，提升区域凝聚力。

二、实施主体

中国水外交的实施主体涉及层面广，各实施主体间能否形成责任鲜明、分工明确的有效体系与良性互动关系将对水外交的实施效果产生直接影响。

第一，中央政府相关部委在水外交中的具体职能与任务分工。中央政府相关部委在水外交中起到整体布局、规划与推动的重要作用，是实施水外交的主体与负责部门，具体制定水外交的实施方针、框架、内容、原则等重要议题。需要注意的是，应明确外交部、水利部、公安部之间的关系与具体职责分工。在以往中国水外交实施过程中，外交部、水利部、公安部在参与相关峰会讨论、技术人员培训以及航运安全建设等方面都发挥了举足轻重的作用，是推动水外交的重要主体，但同时也会使湄公河国家在与中国处理具体跨界水资源事务上产生"到底是哪个部门负责"的困惑。[①]因此，可以根据这三个部门的原有部门规划与水外交本身的性质来决定各自的分工，明确外交部是水外交推动的主体，负责水外交的具体规划、合作提升、争端解决方面的议题；水利部与公安部可以就具体的技术性工作与安全工作提供支持，例如水利设施建设、水项目评估、技术人员培训、航运安全建设等。由此可最大化中国水外交的实施效果。

第二，次国家政府在水外交中的具体职能与任务分工。次国家政府是指仅在一国局部领土上行使管辖权的政府，即所有中央政府以下的各级政府。[②]次国家政府不是主权行为者，其国际行为能力来源于中央政府的许可或默认，并受到中央政府的限制。同时，次国家政府也不是独立的非国家行为者，因为它们完全处在一国主权的管辖之下[③]，因此，涉及中国跨界河流的省政府作为次国家政府要在中国水外交实施过程中发挥特殊的推动作用与应急保障作用。具体表现在，它们要承担相关跨界水资源合作项目的工作，把握省内水利经济发展与沿岸流域国家生态保护的关系并建立临时处理水冲突的应急机制。如遇水冲突发生，次国家政府在将情况报送

①　作者受邀于 2016 年 2 月 12 日在美国威斯康星大学麦迪逊分校东南亚研究中心做"水外交：中国与下湄公河国家跨界水资源合作"讲座时，有来自美国、新加坡、泰国等国的水资源研究学者表达了类似看法。

②　陈志敏：《次国家政府与对外事务》，长征出版社，2001，第 5 页。

③　同上书，第 24 页。

中央部委期间，要起到延缓冲突加剧的作用。另外，次国家政府部门也要获得中央部委给予的部分水资源议题涉外事务的权限与支持。

第三，国有与民营企业在水外交中的具体职能与任务分工。涉及水利、航运、贸易的国有与民营企业是水外交经济领域的重要执行主体，是水利设施项目建设、航运贸易开展的直接推动者，也是流域内其他国家观察中国水外交举措与诚意的最直接对象。因此，中国大唐集团、中国葛洲坝集团股份有限公司等国有企业以及其他民营企业在与流域内其他国家进行水项目合作时或者在进行水项目的规划与建设时，要注重对象国合作方及相关方的利益，注重企业社会责任，要与对方和当地社区建立和保持良好的关系。此外，企业身处水外交受益或受损的第一线，在具体项目推进过程中遇到相关困难与收集到重要信息时，要及时地向中央政府与次国家政府反映，以便制定新的规划、获得相关支持以及减少不必要的损失。

第四，流域内社区民众与非政府组织在水外交中的具体职能与任务分工。中国跨界河流流域段的社区民众是中国水外交实施的直接利益相关方，也是获取第一手信息的重要行为体。因此，社区民众可以收集与反映本流域段内水外交的实施情况。同时，中国国内相关非政府组织可以发挥与流域内其他国家非政府组织的沟通作用，获取合作方国家的部分反馈意见，并监督水外交的实施绩效且提供相关的帮助信息。

三、实施对象

中国水外交的实施对象包括流域内国家的中央政府、地方政府、合作企业、当地社区与民众、非政府组织、舆论媒体以及域外行为体等。对任一实施对象的忽视，都将导致水外交实施效果大打折扣。

第一，流域内国家的中央政府。流域内国家的中央政府是中国水外交实施的重要对象，在有关大型水利设施合作、水安全合作，以及地区水合作与水冲突解决机制的构建过程中，都要获得流域内国家中央政府的支持。因此，流域内国家中央政府的重要性不言而喻。

第二，流域内国家的地方政府。流域内国家的地方政府在其地域内的水利项目合作、水安全合作以及水资源冲突上具有一定的话语权。地方政府在因水利设施建设原因而造成的移民安置、村落与企业搬迁、土地调整和基础设施恢复等工作上具有影响力。虽然总体上影响力不如中央政府，但如果不重视同地方政府的水外交工作，那么有可能会使相关矛盾升级，致使中国与地方政府的水冲突转变为与该国中央政府的水冲突。

第三，流域内国家的合作企业。流域内国家的合作企业是与中国国有企业和民营企业展开水资源合作的直接对象。对象国合作企业对中国乃至中国企业的信任与信心将直接影响水合作的成效。因此，中国水外交要化解对象国合作企业对中国投资与合作的误解，给予更多的信心支持与安全承诺，才能最终巩固中国企业与对象国企业的合作关系。

第四，流域内国家的当地社区与民众。流域内国家的当地社区与民众是水合作与水冲突的直接利益相关者。虽然在重大项目推进上无法发挥决定性作用，但如果中国水外交不将其视为实施对象，不妥善处理好关系，那么长此以往，可能会引起流域内国家自下而上的运动，影响和左右中央政府与地方政府在水合作和水冲突中的抉择。同时，当地社区与民众是非政府组织、舆论媒体以及域外国家关注的重点，中国水外交应使其了解水合作的真实目的或解决水冲突的诚意，以免产生错误的观念与看法且被别有用心者加以利用与放大，对保障中国正常的水资源开发利益不利。

第五，域内外非政府组织。域内外非政府组织在评估域内水利开发、生态环境保护等方面发挥着重要作用，并且由于它是独立第三方（有些看似是独立第三方，实则受到相关资金支持国的影响），其观点更容易使人信服。中国水外交在以往实施过程中与域内外非政府组织沟通较少。因此，由非政府组织请来的一些专家所执笔的研究报告成为诸多反面舆论的有利"证据"。所以，中国水外交要将非政府组织视为重要的实施对象，让其理解中国在自身流域段的开发目的与相关规划，同样也要让其明白中国与流域内其他国家在水合作与水冲突解决过程中的用意与诚意。

第六，域内外舆论媒体。域内外舆论媒体是左右流域内跨界水资源合作与冲突风向变化的重要行为体。在以往的每次水冲突中，域内外多语言、多平台的舆论媒体都发挥了推波助澜的作用。例如，在湄公河流域内的2010年与2016年干旱事件中，大多数报道是负面的，影响了部分湄公河国家政府与民众的判断。因此，中国水外交要注重与域内外舆论媒体的沟通与联系，不断加强相互间的交流，避免报道出现"一边倒"现象，帮助域内外群体了解事实真相。

第七，域外行为体。域外行为体（包括国家与政府间国际组织）是加速流域内水合作良性竞争抑或恶性竞争的重要催化剂。域外国家或政府间国际组织出于战略意图或者帮助该流域内国家开发水资源与环境保护等各种原因，会加入水资源合作的队伍。中国水外交要将其视为重要的实施对象之一，处理好与其的良性竞争，形成优势互补。同时，也要防范域外行为体的恶性水竞争或者别有用意的水合作行为，并做出及时的反应。

四、指向领域

中国水外交的指向领域不但包括水项目类、水技术类等短期或中期能见效的领域，还包括水秩序类、水互信类、水安全类等具有长期性且对跨界水资源合作有重要促进和发展作用的领域。

第一，水项目类的领域主要包括：（1）水利设施建设与投资。利用自身的技术与资金优势开发本国河段的水力资源，同时通过投资合作等方式帮助河流沿岸其他国家建设水利项目。（2）航道开发与维护。中国通过与流域内其他国家协商，共同开发有航运价值的河流，对河道进行疏通，并制定航运贸易与相关安全维护的举措。（3）渔业发展。通过保证鱼类洄游，投放鱼苗等措施，保证鱼类的多样性和渔业的可持续发展。（4）农业灌溉。通过水利设施在干旱期放水，在洪涝期蓄水，通过调节水量来保证农业用水平稳与供应足量，促进流域内的农业发展。

第二，水技术类的领域主要包括：（1）技术支持。要涵盖水利设施建设的技术、水信息监控技术、防洪减灾技术、泥沙管理技术、水灾害统计技术、水库泥沙控制技术、河道堤防建设与安全管理技术、灾害预警技术等。（2）人员培训。定期组织流域内其他国家人员的培训，让他们通过举办技术讲座、参观水利设施工程等方式了解中国先进的管理技术与理念。

第三，水秩序类的领域主要包括：（1）建立和完善协商与解决争端平台。要推动流域内国家建立和完善自主共有共管的跨界水资源开发合作与冲突解决的平台，为流域内各国商讨合作相关事宜并解决纷争提供渠道。（2）制定管理规则与执行流程。要推动建立流域内有关水资源管理的具体规则和执行流程，使流域内的水资源开发有章可循，水资源管理井然有序。（3）推动区域内整体的水机制建设，进一步提升平台与规则的作用，提升水资源合作的水平与水冲突解决的效率。

第四，水互信类的领域主要包括：（1）与对方政府的互信建设。主要就相互间的水合作达成共识，对于水冲突能达成解决方案。（2）与对方公司的互信建设。要形成在水资源项目开发合作中利益共享、风险共担的共同意识。（3）与对方社区居民的互信建设。理解对方社区居民因相关水合作项目的展开而受到生活上的影响，同时也要帮助他们理解水合作项目能给他们带来的利好。（4）与非政府组织，特别是当地非政府组织的互信建设。中国要就自身流域段的自建水项目与共有流域段的合作水项目等议题与其交流，帮助非政府组织获得有效和正确的信息。

第五，水安全类的领域主要包括：（1）水质安全。中国水外交要确保中国与流域内其他国家在跨界水资源开发过程中的饮水安全、农业用水安全、工业用水安全等。（2）航运及其相关安全。要保证中国相关公司在进行货运、旅游等活动时，航运人员、游客以及相关工作人员的人身安全、财务安全、货物安全与船只安全等。

五、实施原则

中国水外交在跨界水资源合作与水竞争实施过程中还要把握好需求共融原则、灵活多变原则、分配交易原则、补偿原则和水权让渡原则。

第一，需求共融原则。将自身对跨界水资源的开发诉求与流域内其他国家对水资源的开发诉求相结合，在水利开发、航道建设、渔业发展、农业灌溉等项目中找到共赢点，从而不断促进水合作水平的提升。同样，在水冲突中，也要找到自身与他者的需求相同点，以求得谈判与协商的机会，获得相互间的理解，以降低解决水问题的成本，防止水冲突的恶化。

第二，灵活多变原则。一般来说，水外交在特定区域以及特定项目的实施过程中，会形成一套系统有效的运作方式。但是在同一地域内的不同河流，或者同一河流的不同流域国家内，乃至同一国家流域内的不同河流段内，这些固有的方式并不一定能起到同样理想的效果。因此，中国水外交在运用原有方式的基础上，可根据当时当地的特殊情况，灵活应变。例如，可利用多个实施主体对某一水合作或水竞争议题展开沟通与谈判等，从而达到良好的效果。

第三，分配交易原则。由于水权在流域国家内可以分配，因此在水外交的实施过程中也要注重分配交易原则。在共同商量探讨的基础上，允许本国的水资源部分功能使用分配转让给他国或者进行交易，也可以以此方式获得他国水资源的部分功能使用权，以最大化水资源的利用率。

第四，补偿原则。中国水外交在对于他国损害本国水资源开发利益与相关投资项目时，要通过谈判、协商、制裁等多种途径积极寻求补偿。同样，在中国对于流域内其他国家的水资源开发利益造成影响时，中国水外交也要遵循此原则，积极寻求他国理解与原谅，并补偿他国相应的损失。

第五，水权让渡原则。在水资源开发过程中，由流域各国从沿岸国平等、公平开发（在此情况下，开发与利用权会受到沿岸国家约束）转向沿岸国和谐、统一发展（树立共同意识，采用共同管理）时，中国水外交还要注意水权让渡原则。即在运用水外交保护自身开发权益的同时，注重部分管辖权的让渡，使其形成流域内共有的管辖权，最终促使共有水资源管理组织和制度等的形成。

第二节　中国水外交的推进策略

中国水外交体系的完善与升级是保证中国水外交实施效果的内在根基，

而中国水外交的具体推进策略则是解决某地区跨界水资源特有问题的应对方法。中国与湄公河国家在跨界水资源合作上具有局限性，存在部分问题解决不利的情况。同时，中国与湄公河国家在湄公河水资源、水通道、水舆论、水管辖权、水竞争方面存在提升的空间。因此，按某类问题来形成具体的推进策略，过于细碎，也很难区分，更加不利于湄公河整体流域内的水问题全局解决与水合作水平的提高。本节在探讨中国在湄公河地区水外交的推进策略过程中，以宏观的视角，抓住湄公河流域内跨界水资源问题的本质，提出系统、具体的推进策略。

一、加强互信建设

中国与湄公河国家的互信程度不足是导致水合作无法深入、水冲突产生的根源，也是被部分别有用心的域外国家与媒体所利用的重要因素。因此，中国水外交想要加强水资源合作效益和解决水资源冲突，首先要加强水互信建设。需要明确的是，互信建设更多涉及中国如何让湄公河国家获取和增强对自己的信任，以提高双方的互信程度。

第一，树立跨界水资源合作关系的信任维护意识。中国水外交要在中国与湄公河国家已建立跨界水资源合作关系与平台的基础上，推动树立"水命运共同体"集体意识。这样才能有效促进流域内国家自觉维护原有的信任基础与合作基础。"水命运共同体"包含跨界水合作命运共同体、利益共同体与责任共同体，强调各合作国共同、合理、科学、可持续地开发湄公河水资源，共同承担责任、权利与义务。因此，树立"水命运共同体"的集体意识需要中国与湄公河国家的共同努力。一是中国要将自身的水安全与水开发利益点与湄公河国家相结合，成为有效探讨和解决相互间的水合作问题的基础。二是中国与湄公河国家在探讨树立"水命运共同体"的集体意识过程中，要注重水合作的全面性，摒弃只关注水问题的做法，将水可持续发展问题与具体的水经济项目开发、其他层面的政治和经济活动相结合，从而激起对方强烈的合作意愿，巩固双方的水利益。三是双方在探讨和树立"水命运共同体"意识的过程中，要注重相互间的协商、交易、妥协和兑现，使双方受益最大化，提高水合作的融合度。①

第二，拓展湄公河国家了解中国跨界水资源合作意愿的渠道。湄公河国家在信任中国的过程中，会通过直接和间接渠道了解中国的有关信息。因此，中国要积极向湄公河国家拓展了解自身的渠道，这将有助于加深湄公河国家对中国的信任。一是中国要与湄公河国家在日常双边政治交往中积极突破水合作中的误解。中国要在有关双边政治互信建设中，把水问题作为其中一个重要内容来看待，并就如何构建双边政府的水问题互信机制、定期交流机制进行探讨，同时，对于域外大国在区域内的水问题挑动、非政府组织片面宣传等也要主动提出、主动出击，最终使双方通过相互协商来共建牢固的水合作关系。二是中国要与湄公河国家在日常经济交往中提升水合作水平。中国在与湄公河国家开展双边经济水合作项目过程中，要利用好自身的资金、技术、人才等优势，本着互惠互利的原则，从具体的水源利用、河岸保护、航道管理、水产品经营等着手，全方面促进水合作项目进展，并对以前出现的问题采取及时行动，充分表达自己的诚意，增加湄公河国家对中国的信任与合作意愿。②

第三，积极加强同湄公河水资源开发中第三方机构的互信与沟通。湄公河国家获取中国信任信息的另一个渠道是第三方机构，并将其作为是否信任和加深信任的重要参考。在中国与湄公河国家的跨界水资源合作中，非政府组织扮演着第三方机构的重要角色。从以往实践来看，部分国际与区域非政府组织对于中国在湄公河推行水利建设及其他相关项目时的一些说法并不可信。即使真正原因是客观自然环境所造成，但在部分西方国家政府和媒体的错误引导下，湄公河国家极易获得错误信息并产生误判，从而降低对中国的信任。因此，中国一是要从正面出击，加强与非政府组织的沟通，改变一味回避甚至排斥国际与区域非政府组织的观念和"少说多做"的理念；借助中国的非政府组织和研究团体，积极加强同湄公河地区非政

---

① 张励、卢光盛、伊恩·乔治·贝尔德：《中国在澜沧江—湄公河跨界水资源合作中的信任危机与互信建设》，《印度洋经济体研究》2016年第2期，第26页。

② 同上文，第26—27页。

府组织的交流，共同商议产生问题的真正缘由及对策，表现出中国的善意。二是要侧面出击，借助第三方力量来增信释疑。中国可借助国际上知名的水利、环境等相关第三方机构，对中国在湄公河上游的水利设施、下游的水利合作等水问题进行评估，同时将这些数据和结果发给非政府组织供其参考，便能在一定程度上化解不必要的信任危机，促进相互间的信任。①

第四，建立专门的湄公河跨界水资源合作信任建设、评估和危机公关研究小组。中国建立的信任研究小组要搜集第一手有关信任危机的材料，就其中的各种信任问题及产生的原因进行分析与探讨，结合所需建设的水项目技术需求、沿河社区情况、民风民俗、环境影响、不实宣传、外来恶意竞争、对象国心理等内容制定一套完整、对应、统一的执行与保障体系。同时还要组成专门的危机公关小组，就突发情况采取及时的补救，把握主动权，防止湄公河国家对中国的信任感流失。

二、构建区域水资源管理平台

中国已经于 2016 年全面启动了澜湄合作机制，并把水资源合作列为五大优先发展方向之一。此后，中国与湄公河国家设立澜湄水资源合作中心。因此，中国可以把澜湄合作机制下的水资源合作中心作为区域水资源管理平台并推动相关内容的建设，以加强水问题解决的执行力和公平性。

第一，建立水资源合作中心下的相关分支机构。根据湄公河流域水资源开发的不同功能，建立相关研究与商讨机构，派六国代表轮流担任组长，并就湄公河流域内重要的相关水问题进行充分的对话与沟通。同时，还可以由不同功能的分支机构开设对应的水资源经济开发、水资源安全等议题论坛，定期交流，共同协商，做出交易（trade-off）与妥协，以加强该平台对水资源管理的效果。

第二，建立水资源信息交换制度。湄公河流域内各国视各自的水信息

---

① 张励、卢光盛、伊恩·乔治·贝尔德：《中国在澜沧江—湄公河跨界水资源合作中的信任危机与互信建设》，《印度洋经济体研究》2016 年第 2 期，第 27 页。

为自身国家重要的信息材料，部分共享或不共享，但这类信息的分享程度对流域内各国水资源的开发程度有极大影响。因此，流域各国可以约定在流域国内部共享并保密。此外，流域各国要定期交换有关水流、水灾情等水资源信息，对突发的水情况要及时互通有无，以应对紧急情况。

第三，合作平台要强调不同利益的捆绑原则。水资源开发不仅涉及经济利益，而且也与安全利益、环境利益等息息相关。因此，在以往水资源开发过程中，部分流域内国家可能过度关注了部分利益，而忽略了其他的利益要素，容易造成水资源开发问题与水冲突。因此，该平台要围绕水资源开发与合作，综合全面地权衡各个利益要素，并将其捆绑到具体的项目中，提高利益要素的相互依存度，从而促进湄公河跨界水资源开发的可持续发展。

第四，明晰流域国在跨界水资源开发合作上的水权让渡问题。澜湄合作机制下的水资源合作中心是中国与湄公河国家自主建立、共同拥有的水资源管理平台。因此，在湄公河水资源开发与具体问题管理中，首先要让成员国明晰自身在跨界水资源开发与管理过程中的水权让渡比例，商讨在航运合作、水资源开发合作中的国家水权让渡程度，最终通过部分主权的让渡换来更大的次区域内部共享利益，消除跨界水资源冲突，促进各流域国的全面发展。

第五，明确相关管理方案与"早期收获计划"的具体内容。一是中国要推进与湄公河国家关于探讨湄公河水资源开发原则、水资源争端解决方案、水资源灾情应对方案、数据分享与技术提升方案的工作，制定详细的、可操作的、有约束力的制度，并将之公布。二是中国要同湄公河国家商定水资源合作的具体"早期收获计划"内容、涵盖范围、建设时间，并在公共渠道公布，以加强水资源合作平台的权威性与公信力。

第六，修正水资源合作中的错误观念。以往"水主权"（国家自主开发权）与"无害权"（共同维护权）之争以及以中国代表"上"和湄公河国家代表"下"的对立观念如果无法消除，必然会对水资源管理平台建设与对应的水资源管理成效产生影响。因此，中国要与湄公河国家进行相应内容的探讨与修正。一是中国要与湄公河国家就"水主权"与"无害权"的平衡点进行探讨。在强调本国利益的同时，也需要保护流域内其他国家的权益，同时明确这是一项长期的任务，只能通过逐个领域的逐步探讨才能解决，并不能一蹴而就。二是中国要与湄公河国家厘清"上""下"对立的观点，指出由于地理上的分布、部分媒体夸大负面影响以及澜湄合作机制成立以前中国与湄公河委员会互动较少等原因，造成了"上下游对立"。在现有澜湄合作机制水资源管理平台下，各成员国是平等的，对流域内的水资源开发有同等权利。

第七，发挥中国在水资源合作中心的建设性作用。中国是水资源合作中综合实力最强的国家，因此，中国在跨界水资源合作与冲突解决中将发挥建设性作用。这种建设性作用具体表现在三个方面：一是中国要善于引领和引导流域内其他成员国共同建立起一套合理、公正而且符合成员国意愿的跨界水资源合作与管理体系，强调合作性和多边性。同时发挥流域内不同成员国的优势，优势互补，增强水资源的管控能力。二是中国要在处理跨界水资源冲突中秉持公平、公正的原则，引导其他成员国朝着积极、正面的方向进行商讨并逐步推进工作，以最大化流域内集体利益，达到一个合作的最佳契合点。三是中国要充分利用自身的资金、技术等优势，促进解决现存的跨界水资源问题。湄公河流域内部分跨界水资源问题存在时间长、复杂多变，给治理者带来难度并提出更高要求，中国可以在治理过程中提供更多的人力、资金与技术支持，提供流域内必要的公共产品，鼓励流域内其他成员国"搭便车"。

三、完善水资源合作内容

跨界水资源合作内容包括水利设施建设、航运贸易与安全发展、技术交流、人员培训、河岸社区建设等。目前，中国与湄公河国家的跨界水资源合作主要集中于水利设施建设与航运发展。未来，中国宜多样化推进水利设施建设，努力拓展航道功能建设，并在技术合作、人员培训、河岸社区建设方面大力投入。

第一，水利设施建设。中国要转变以往的水利设施建设和投资方式。首先，要谨慎规划和发展本流域段内的水利设施建设。中国位于湄公河上游，地理位置敏感，而且又是大国，因此要合理规划未来的水利设施建设。此外，在以往的规划中也曾出现不合理的大坝被中国自身叫停的现象①，这样的举动不但不利于自身大坝建设，也带来了负面影响。因此，中国对未来本国流域段内的大坝建设要更为严谨、合理，也可邀请湄公河国家的相关人员进行参观，力争减少分歧，增进理解。其次，中国要通过自身的技术、资金优势帮助湄公河国家进行多样化的水利设施建设。中国可以通过帮助流域内其他国家投资建设大坝等大型项目，促进其水力资源开发、电力开发、水流调控，以推动当地经济发展。同时，中国还可以帮助湄公河国家建设水文观测站、水井、给水门、排水门、明渠、倒虹吸管、渡槽、溢流工、圆堰、矮山支线等小型水利设施项目，为湄公河国家不同流域段的地区及需水地区提供便利。这些项目投资相对大坝而言成本低，负面效果少，也易受到对象国的青睐。

第二，航运通道建设。一是要设计完善航运通道功能。原有湄公河航运通道只涵盖了经济与安全两个功能。未来航运通道应该具备经济、安全、战略、环境四个功能。在经济方面，要涵盖航运规则设计，航道的标准化设计，沿岸港口的标准化设计以及航道数据库的建设。在安全方面，要涵盖对可能发生的抢劫、截船事件的防范培训，并在保持现有联合执法的合作基础上，尽快落实签订《湄公河流域执法安全合作协议》，以加深在航运安全领域的合作深度。在战略方面，应利用河道周边的地理环境来进行流域内各国的安全点布局，以确保流域内秩序。在环境方面，应减少和防止航道疏通对沿岸生态环境的影响，设计对运送有害有毒物质的预防举措。二是在完善航道功能的过程中要融合原有的开发内容，减少开发成本。上

---

① 《可持续发展最符合澜沧江—湄公河流域各国利益》，中国新闻网，2010 年 5 月 24 日，http://www.chinanews.com/ny/news/2010/05-24/2300582.shtml，访问日期：2016 年 12 月 31 日。

述航运通道功能的建设，无须在中国与湄公河国家之间重新签订类似协定，可在原有的开发内容的基础上加以完善，例如对原有经济与安全类的内容只需加深合作深度，而对于战略与环境类的内容则可以新增。三是要形成新型的航道升级方式。现有航道的经贸功能受昆曼公路建设影响，发展已远不如前，但其安全与战略的功能却不断提升。因此，从短期来看，一味从经济角度或者安全与战略角度来推动复合型功能航道建设，可能会遇到阻力，效果也不明显。所以，中国可以通过提供经济政策倾斜与资金支持的方式维持航运贸易的正常水平，帮助中国与湄公河国家从事航运贸易的公司与个人。这种做法的目的在于用经济促进政治、安全关系的维护，保持地缘战略通道的畅通，以及为建立起复合型功能的航运通道打下基础。

第三，技术合作与人员培训。中国要加强与湄公河国家在技术合作与人员培训方面的投入力度。可由外交部主要负责，水利部提供支持，每年对湄公河国家从事水资源开发与研究的人员开展培训与讲座，内容可涵盖水利设施建设技术、防洪减灾技术、泥沙管理技术、水信息监控技术、水灾害统计技术、水库泥沙控制技术、河道堤防建设与安全管理技术、灾害预警技术等，并邀请相关人员参观中国水利设施工程，了解先进的管理技术与理念。同时，中国水利技术人员还可以为湄公河国家的水利发展提供技术支持。例如，当流域内国家遭受严重干旱、洪涝等灾害时，中国在应他国邀请或主动提出的情况下可以派出水利专家小组，为其提供应急咨询，并深入灾区开展调研，为湄公河国家提供建设性咨询意见。

第四，河岸社区建设。中国要从两个方面加大对河岸社区建设的投入。（1）对于因水利设施建设要迁移的社区，要尊重当地民众的风俗习惯，在征询他们意见的情况下，帮他们设计新的家园，同时，还要考虑对他们进行生存技能培训。例如，从事渔业的社区居民在新社区如果不能从事原有行业，要对他们进行相应的技能培训，帮助他们另谋出路。（2）对于在建造水利设施过程中不需要搬迁但对居民生活有影响的社区，可通过免费建立学校、医院、公路等基本配套设施，减少水利设施建设对其造成的影响。

四、协调与域内其他合作机制的关系

中国水外交在推动建设澜湄合作机制下水资源合作平台的同时，还要处理好该平台与湄公河流域内其他相关合作机制的关系。湄公河流域内与河流有关的合作机制主要有两个，一是湄公河委员会，二是东盟—湄公河流域开发合作。由于东盟—湄公河流域开发合作在水资源管理内容与效用上远远不及湄公河委员会，而且基本上与中国无水冲突，因此本部分主要探讨平台与湄公河委员会的关系。

第一，建立水议题的协调合作关系。湄公河地区的水资源问题错综复杂，无论是澜湄合作机制下的水资源合作平台还是湄公河委员会都无法完全有效地彻底解决。因此，首先要防止湄公河国家对中国在澜湄合作机制下推行建设水资源合作平台的初衷产生怀疑，从而影响水资源的开发与治理效果。其次，要强调澜湄合作机制下水资源合作平台与湄公河委员会的共融性，在跨界河流开发、航道发展、渔业发展、农业灌溉、技术合作、人才培训等方面寻求共同的利益点，为相互间的合作奠定基础。最后，要突出澜湄合作机制下水资源合作平台与湄公河委员会的差异性与优势，突出自身的特点，加强与湄公河委员会在跨界河流相关领域的合作互补性。

第二，进行水管理经验的学习交流。无论是澜湄合作机制的水资源合作平台还是湄公河委员会都有其自身的长处。例如，澜湄合作机制的水资源合作平台是由中国与湄公河国家自主自发建立与管理的，有着更强的合法性与管理性。同时，该合作平台包含了湄公河流域内的所有国家，为跨界水资源合作的展开与水资源冲突的解决奠定了良好的基础。但同时也要看到，由于澜湄合作机制成立不久，其下设的水资源合作平台的相关举措与规则还不明朗。湄公河委员会虽然在独立性、管理的有效性与涵盖成员方面不及澜湄合作机制下的水资源合作平台，但有着丰富的水资源管理经验与一些久经设计和考验的规则及议程。例如，在水资源开发治理议题上，有《湄公河委员会关于通知、事先磋商和达成协定的预备程序》（Procedures for Notification, Prior Consultation and Agreement, PNPCA），以确保开发利用的合理及公平性，具体内容是流域国在对本国境内支流进行开发时，只

需要告知其他成员国，而对干流进行开发时则必须启动程序，得到其他成员国同意后才能进行开发。[①] 此外，湄公河委员会还有《湄公河委员会数据和信息的交流与共享程序》《湄公河委员会水资源利用监督程序》《湄公河委员会信息系统托管和管理指导方针》等规则。因此，中国可以推动澜湄合作机制下水资源合作平台与湄公河委员会的经验交流，借鉴其成功的经验与部分合理的开发模式与规则，在不断完善自身水管理体系的同时，加深相互的理解与合作。

五、处理与域外行为体的竞合关系

美国、日本、澳大利亚、韩国等域外行为体近年来加大了涉足湄公河地区水资源管理事务的力度，主要基于三个原因：一是通过水问题切入，制约中国在东南亚地区的发展，并确保自身在该地区的影响力；二是追求自身的对外经济发展利益；三是关注湄公河地区水生态环境。[②] 由此可见，域外行为体在湄公河跨界河流上的竞争既有善意也有恶意。因此，中国水外交在处理相关问题时应有所区分。

第一，对于域外行为体在湄公河跨界水资源开发上的善意竞争。首先，中国要加强同它们的水资源项目合作，利用各自的优势进行互补，减少地区内水资源开发过程中相应的公共产品成本并避免相同公共产品的重复生产。其次，中国也可以与它们进行经验交流，建立良好的合作互动。域外行为体在湄公河跨界水资源的技术支持、人才培训、生态环境保护方面的投入比中国多，经验也较为丰富。因此，中国可以与其建立学习交流联系，以提高湄公河水资源利用与保护为议题，举办相关的讲座或交流活动等，形成良好、健康的地区内水竞争格局。

---

① "What Is the PNPCA Process?" Mekong River Commission, accessed December 31, 2016, http://www.mrcmekong.org/news-and-events/consultations/xayaburi-hydropower-project-prior-consultation-process/faqs-to-the-mrc-procedures-for-notification-prior-consultation-and-agreement-process/.

② 张励、卢光盛：《从应急补水看澜湄合作机制下的跨境水资源合作》，《国际展望》2016 年第 5 期，第 102 页。

第二，对于域外行为体在湄公河跨界水资源开发上的恶意竞争。首先，中国要树立应对域外行为体恶意竞争的信心。域外行为体对湄公河跨界水资源的投入尽管能促进其部分外交战略目标的实现，但总体而言，该地区的水资源问题与域外行为体的本国经济、生态环境等并无太多直接关联，并不涉及其核心利益。此外，由于域外行为体与湄公河在地理上相距较远，致使其在投入和管理上都不及中国便利。与此同时，也有湄公河国家的专家指出，中国在未来拯救湄公河和解决各类相关问题中的努力将不可或缺。[①]因此，中国要在与域外行为体在湄公河水资源的博弈上建立起牢固的信心。其次，发挥澜湄合作机制下水资源管理平台的作用。虽然域外行为体与湄公河国家建立了各种联系，但都不如澜湄合作机制下水资源管理平台的切实有效与具有可操作性。因此，中国要逐步加大对水资源管理平台的投入力度，推动与湄公河国家的具体水资源管理制度规划、"早期收获项目"的发展等，以化解域外行为体带来的离心作用。最后，中国还可以强调和推行"水资源综合管理"（Integrated Water Resources Management，IWRM），充分利用其"社会公正、经济有效性与环境可持续性"的特点。该项管理原则是联合国强调全球水资源合作的原则，也是湄公河委员会在开发湄公河水项目中所遵循的规则（但湄公河委员会在具体项目执行过程中却无法真正做到平衡这三者之间潜在的紧张关系）。[②]美国、日本、澳大利亚、韩国等域外国家在介入参与湄公河国家水项目合作中正是打出了生态牌、环境牌、社会牌，以较少的投入获得了更多民众、社区、非政府组织的好感，最终借助水项目在湄公河地区发挥更多影响力。同时，这些域外国家也用这样的方式来遏制中国在该地区的水项目合作发展。因此，中国在今后与湄公

[①]　"New Rule-based Order Needed to Save the Mekong," East Asia Forum, March 29, 2016, accessed December 31, 2016, http://www.eastasiaforum.org/2016/03/29/new-rule-based-order-needed-to-save-the-mekong.

[②]　Rachel Cooper, "The Potential of MRC to Pursue IWRM in the Mekong: Trade-offs and Public Participation," in Joakim Öjendal, Stina Hansson and Sofie Hellberg, eds., *Politics and Development in a Transboundary Watershed*: *The Case of the Lower Mekong Basin* (Dordrecht: Springer, 2012), p.79.

河国家进行水合作开发和修复既存水问题的过程中，要始终强调水项目经济利益、环境保护、河畔社区发展的三位一体，并把具体合作方案与保护内容写进水合作项目合同，以有效应对来自域外的恶意竞争。[①]

六、加强"走出去"企业的社会责任

企业是湄公河流域投资与贸易的重要主体，也是体现一国水资源开发与管理理念的最直观体现。企业社会责任是企业对外投资中的重要组成部分。以往，中国"走出去"企业将大部分精力放在争取政策、获取资金支持等方面，对企业社会责任是否实施到位关注不够，效果也并不理想。这使得外界产生了中国不重视水资源可持续发展和沿岸社区建设等错误印象，加剧了区域水资源冲突，甚至给"走出去"企业带来损失。因此，中国水外交还要重视对"走出去"企业的社会责任培训。

第一，帮助企业树立和凸显企业社会责任意识。许多中国在湄公河进行跨界水资源投资与贸易的企业对社会责任的概念和内容模糊不清。因此，中国相关政府部门应就相关企业的社会责任意识进行培训，通过自主开办讲座以及到国外做得较好的模范公司进行考察学习等方式，让企业明晰企业社会责任的内容、范围，帮助它们树立起执行企业社会责任的自主意识，并与自身企业特点及所从事的行业特征相结合。

第二，引导企业制定企业社会责任政策。中国外交部可以请其他相关部门规划从事跨界水资源开发的企业社会责任总体准则和政策要求，要求"走出去"企业根据自身特点和需求执行持续性、长久性且具体的执行政策。执行政策具体包括确定该企业的企业社会责任的实施领域、受众面，建立起企业内部各层级的企业社会责任培训制度，划拨固定的专项经费，等等。

第三，要求定期公布企业社会责任报告。企业社会责任报告是体现企业社会贡献的标准，也是政府、市场、客户关注该企业发展前景的重要依

---

① 张励：《水外交：中国与湄公河国家跨界水合作及战略布局》，《国际关系研究》2014 年第 4 期，第 34—35 页。

据。在实际操作过程中，要求从事湄公河跨界水资源开发的企业确保企业社会责任报告的内容真实且翔实，并定期递交给相关政府部门。同时，该报告也要以对象投资国或者对象贸易国的语言通过网络、纸媒等形式公布，以供对象国政府与社区民众等了解。

七、重视水舆论宣传与管理

水舆论是影响跨界水资源合作成效、化解水资源冲突的重要因素。未来，中国可以从个体与区域两个角度着手开展工作。

第一，从个体角度来看，中国要建立多平台、多语言、多种形式、及时的舆论发送系统。首先，要利用网络、纸质媒体、电视媒体等多种平台，并使用多语种特别是对象国语言进行发布，就中国与湄公河国家跨界水资源合作取得的成就，以及解决跨界水资源冲突的成效与力度进行及时的报道。同时，对于不公正、不真实的舆论要及时给予回应，防止以讹传讹。其次，要考虑水舆论的受众群体。不仅要以传统的新闻媒体的报道方式来满足国家政府、地方政府、大型企业、研究机构等群体的需要，而且可以运用形象、幽默、文艺的叙述方式来满足社区民众等的需求。在宣传内容上，既可以包括国家层面所关心的政策、制度等宏观问题，也可以包括社区民众等关心的具体搬迁项目、移民项目和健康教育类项目的信息。这些内容可以帮助对象国民众更加全方位地了解中国与湄公河国家在跨界水资源合作上的现状，特别是了解中国的意图与目的。

第二，从区域角度来看，中国要与湄公河国家在澜湄合作机制下，通过共有的舆论发布频道发送信息，以拓展对外沟通渠道，增强水舆论主导权。首先，要在澜湄合作机制的水资源管理平台下，在保证六国共同解决水问题的基础上，统一发声，消除外来的诋毁与误读。此外，中国与湄公河国家政府和学者要通过澜湄合作机制下水资源管理平台的官方媒体、网络平台及时表态与反馈，同时应在国际媒体与社交平台上积极发声、有效回应，减少湄公河跨界水资源开发的利益损失。其次，要增强水信息宣传的透明度，避免误解与误读。在澜湄合作机制的水资源管理平台下，建立相关的对外公布媒介，要让湄公河国家、域外国家、国际媒体了解中国在湄公河水资源合作与问题解决中作出的积极努力、提供的相关公共产品，以及表达的善意。例如，待澜湄合作机制下的水资源合作的具体规则确立后，可以公开并及时公布其具体操作守则；在未来面临相关水资源开发与灾情时，也应及时公开相关信息与举措。[①]

八、设立和增强中国水外交智库

中国水外交研究是一项长期的研究任务，湄公河跨界水资源开发也是一项持久的事业。因此，中国水外交总体研究智库应下设有关湄公河地区中国水外交的分支智库。对于湄公河跨界水资源开发中的政治、经济、文化、技术等诸多要素进行系统研究，保障区域水资源正常开发，保证流域国利益，以更好地为政府部门以及相关企业服务。

第一，整合研究湄公河地区水外交、跨界水资源合作的国际关系、地理学、历史学、经济学、社会学等多学科专家组成的研究团队。例如，在云南、北京、上海等地有不少相关领域的学者，可利用其原有的研究基础、搜集的研究材料，以及与湄公河国家相关研究机构的深度合作关系来组建全面、综合的研究团队。

第二，智库的研究内容应包括水外交的理论研究与湄公河跨界水资源的具体策略推进研究。湄公河流域是全球四大水冲突热点地区之一，因此对中国在该地区水外交实施模式、成效等进行研究有助于不断完善水外交理论并促成该地区具体水问题的解决。此外，智库还要研究针对湄公河地区的具体跨界水资源问题，以及中国运用水外交解决问题的对策，起到预防、应急处理与长期规划等多种作用。

第三，智库还应定期与湄公河国家的研究机构、非政府组织、企业等进行交流，加强相互信任，以便就一些无法在官方层面探讨的跨界水资源

---

① 张励、卢光盛：《从应急补水看澜湄合作机制下的跨境水资源合作》，《国际展望》2016 年第 5 期，第 112 页。

合作问题、冲突问题进行交流与协商，待时机成熟，再实施具体的水外交措施，以取得理想的成效。

第三节　中国水外交的未来发展趋势

从上述中国水外交的体系建设以及在湄公河地区的推进策略来看，中国水外交的建设任重道远。随着中国周边跨界水资源合作的推进以及水冲突新态势的出现，中国水外交在未来将承担更大的责任并发挥更重要的作用。中国未来的水外交发展之路将可能出现下述趋势。

一、功能运用从单一转为复合

水外交本身不但具有水资源开发权利维护功能，还具有促进经贸关系发展、应对域内外水竞争、调控水舆情、辅助对外战略、促进地缘秩序建设等功能。目前，中国水外交在功能运用上比较单一，主要集中在资源开发权利维护与促进经贸关系发展两大功能上，未来可能将从较为单一功能的运用转为复合功能的运用。第一，中国已经认识到水外交其他功能的重要性并开始进行相关研究。因此，已经具备实施水外交其他功能的前提条件与基础。第二，水外交的其他功能在针对跨界水资源合作问题和跨界水资源冲突等具体问题上更具有针对性，效果也远胜于其他常规的外交手段。因此，从现实的需求出发，中国水外交也会逐渐朝着复合型方向探索与发展。第三，中国水外交在不断运用各种功能的基础上，还将升级转变为与复合功能的同时运用，既针对一个跨界水资源合作或跨界水资源冲突，提高解决问题的速度与成效，又通过运用几种水外交功能，达到维护国内经济发展、国家主体安全、周边关系稳定的目的。

二、实施持续性延长

中国水外交理论体系的逐渐完善和复合功能的运用，将使得中国水外交在具体的项目运用上更具持续性和连贯性。第一，从时间维度考量，随着相关中国水外交保护举措的日益完善，在水利设施项目投入、航道经贸安全合作发展上将继续保持连贯性。另外，水外交其他复合功能的运用也将会避免在技术支持、人员培训、环境保护等内容上出现发展断层的问题。第二，从人力分配来看，中国水外交在实施主体与实施对象上会有更加明确的指向与分工，这会避免出现在推进具体项目时，某一领域人才济济、相互竞争，另一领域门可罗雀、无人问津的尴尬局面，从而有效促进合作的可持续推进与问题的不断解决。

三、国家间互动增多

水外交一般为一国在跨界水资源合作与水资源冲突中所实施的单一指向的外交举措。但水外交与其他外交不同的是，其重要处理对象——水资源，作为一种流动的自然资源，不但容易受人为因素影响，也容易遭受自然因素的作用。虽然每个国家都希望本国的水资源环境洁净且使用方法科学安全、水航道运行通畅，但随着水资源流动加剧及减少，很难凭借国家自身力量来实现上述目标。因此，各国水外交便易产生联合互动。中国目前在与周边国家的跨界水资源开发中，相对于其他国家较多运用了水外交，但大多数流域内国家并未提及也未使用，只是通过传统的双边交涉、媒体谴责等方式来表达需求与不满。今后，流域内国家的水外交举措也会在联合国倡议、自身发展的需求下进行建设，那便将会出现水外交之间的互动，并存在两种具体方式：一是形成中国与流域内其他国家的水外交合作，通过各自的水外交来就仅一国之力无法消除的水资源问题进行共同处理与解决；二是形成中国与流域内其他国家的水外交博弈。中国可能面临流域内其他国家为了水利益，采用水外交与中国进行较量、抗衡与制约。

四、处理对象实质发生变化

现有水外交处理对象的实质是资源危机，以及该资源危机所引起的经济与政治影响，针对的是水资源使用效率与合法性的问题。但随着水资源的加速减少和需求的增加，以及伴随着各国的战略利益的变化，全球水政治结构也会发生变化，水外交处理的对象实质将会超过资源危机成为政治安全危机。例如，夺取更多水资源会加剧区域紧张局势（如短缺的水资源导致达尔富尔和阿富汗的局势紧张），其他行业开发对水资源的影响直接引起暴力事件（如秘鲁采掘业的发展对水产业产生影响并导致当地社区采用暴力手段），利用与水有关的设施对交战方进行控制（如在叙利亚和伊拉克，"伊斯兰国"试图控制底格里斯河和幼发拉底河），以及针对水利设施、供水系统进行破坏等。综上，水外交的处理对象已经逐步发生变化，中国水外交亦是如此，正逐步从资源危机类向政治安全危机类过渡。例如，中国对湄公河国家的水外交就被"指责"为利用湄公河来控制湄公河的地区关系发展。因此，未来中国水外交的处理对象的实质将发生变化，相关问题也将更为棘手和复杂。

五、发挥周边外交作用

基于中国周边外交的实际需求与创新发展需求，水外交将成为其重要组成部分并发挥积极作用。第一，从实际需求角度出发，周边国家在中国外交布局中占有首要地位，中国强调要坚持合作共赢，通过双赢、多赢实现共赢。与此同时，中国还提出构建人类命运共同体和"一带一路"倡议，意在与周边国家和世界各国共处共生、共同发展、共同繁荣。中国与一些周边国家的跨界河流，成为相互联系与合作的纽带。与此同时，它也可能成为破坏双边或流域内多边关系的导火索，影响中国与周边国家的关系，并引发政治、经济、安全问题。因此，在周边外交的实施过程中要有具体指向和对策——水外交，以此来处理对应的周边水问题。第二，从创新发展需求角度出发，中国周边外交正处于创新与重构的阶段，要对周边外交的概念、定位、路径、思路等作出新的探索与构建。而"年轻的"水外交虽然在以往的周边外交中有所缺失，但其指向、操作、研究内容不但有助于完善周边外交整体体系下的水问题解决，还有助于为周边外交本身的创新与提升提供思路。

六、理论系统升级

中国水外交研究从 2014 年起步，在 2017 年之后逐步加强，并涉及对理论体系与全球案例的探索。同时，学界也出现了针对中国具体"水外交问题"的研究成果，这为中国水外交的理论构建提供了借鉴。未来，中国水外交理论研究将进一步深入。第一，在全球大环境下，以联合国为首的重要国际组织、部分国家、知名学术机构开始倡导、推行、研究和实践水外交理论，中国学界也意识到水外交的重要性，持续跟进。第二，中国周边跨界水资源合作中存在的发展需求与急需解决的问题也将推动水外交理论体系的完善与升级，并反过来促进具体水合作水平的升级与水问题的解决。因此，在政府相关部门与国内学界的共同推动下，中国的水外交理论将继续升级与完善。

结　论

本书研究水外交理论并以其为分析视角，探讨中国与湄公河国家水互动，得出的结论与未来研究议程如下。

一、本书结论

第一，水外交是一国政府或政府间国际组织为确保跨界水资源开发需求或水地缘战略利益，通过传统方式和技术方式与另一（多）国或政府间国际组织所展开的一种灵活多变的活动。水外交的核心是水权，同时，水外交具有地域属性、技术属性、社会属性和捆绑属性。此外，在有关水外交合法性方面，如果当水权强调国家自我权利时（应以不损害他国主权和利益为前提），水主权的合法性来自本国。但如果当水权强调朝着具有共同意识、共同合作、共同管理的方向发展时，水外交的合法性则来源于流域内合作国家的水权让渡。

第二，中国水外交在中国与湄公河国家的水利设施建设、航运经济与安全功能开发、信息交流与技术支持、区域内水资源管理等跨界水资源合作上发挥了重要作用，并具有独特的运行模式。一是中国水外交的推进主体主要为政府机构和国有企业，在推进水外交时还会出现不同部门交叉参与的情况。二是中国水外交推进渠道以双边推进为主，多边推进为辅，并开始出现由双边向多边推进的特征。三是中国水外交主要以经济类与安全类项目为主，技术类项目为辅。四是中国水外交对于不同领域的实施可持续性不一。五是中国水外交具有逐步完善中国与湄公河国家跨界水资源合作中某项合作内容功能的特色。

第三，中国水外交在跨界水资源开发、水经贸关系发展上绩效显著，在水竞争应对、水舆情调控、外交战略辅助、地缘秩序建设上起到了积极的作用。一是在跨界水资源开发方面，中国水外交基本保证了中国在我流域段内和非我流域段内大多数水利项目的开发权利。二是在水经贸关系上，中国水外交为本国流域内的水项目开展提供了保证，并促进了当地经济水平的提升，同时也有效促进了自身与流域内其他国家水经济关系的提升及区域经济关系的融合。三是在水竞争应对方面，中国水外交已经逐步化解了中国与湄公河委员会的矛盾，部分举措也有效应对了域外国家的竞争，但在促成中国与湄公河委员会形成良性合作关系方面，以及在应对域外国家水竞争投入方面，仍有较大的发挥空间。四是中国水外交在回应负面国际舆情上及时主动，遏制了负面舆情的进一步扩散。同时，它在应对角度上具有多样性，可以帮助对象国了解事实真相。五是中国水外交促进了中国在湄公河地区的部分战略目标的实现，并与湄公河国家建立起了水信任，而且在制约部分湄公河国家非善意战略上发挥了积极作用，但对整体外交战略辅助的作用仍旧有限。六是中国水外交推动和促进了湄公河地区的水秩序与地区整体秩序的建设，但在促进水秩序持续化与地区秩序良性化发展方面还有待进一步提升。

第四，中国水外交在实施具体水外交策略前首先需要升级自我体系，具体包括在目标定位上既要符合中国整体周边外交战略布局的宏观需要，也要符合处理具体水合作、水冲突议题的微观需求。在实施主体上，中央政府、次国家政府、国有与民营企业、研究机构、流域社区民众与非政府组织要共同发挥作用，相互协调，分工明确。在实施对象上，要包括流域内国家的中央政府、地方政府、合作企业、当地社区与民众、非政府组织、舆论媒体以及域外行为体。在指向领域上，不但要包括水项目类、水技术类等短期或中期能见效的领域，还要包括水秩序类、水互信类、水安全类等需要长期见效的领域。在实施原则上，要把握好需求共融原则、灵活多变原则、分配交易原则、补偿原则和水权让渡原则。

第五，中国水外交在湄公河地区要通过加强互信建设，构建区域水资源管理平台，完善水资源合作内容，协调与域内相关合作机制的关系，处理与域外行为体的竞合关系，加强"走出去"企业的社会责任，重视水舆论宣传与管理，设立研究湄公河地区中国水外交的智库等，突破中国与湄公河国家在跨界水资源合作中的瓶颈，并化解跨界水资源冲突。

第六，中国水外交建设任重道远，未来的水外交发展之路将可能出现以下发展趋势：水外交的功能使用将从单一转为复合；水外交的实施持续性将不断延长；不同国家间的水外交互动逐渐增多；水外交处理的对象实质将从资源危机转为政治安全危机；水外交将成为中国周边外交的重要组成部分；水外交理论的系统也将进一步升级与优化。

二、未来研究议程

对于本书所研究的主题与范围而言，未来还可以进行四个方面的探讨。

第一，关于水外交理论体系中的工具融合与实践经验研究。首先，现有水外交理论体系已经融合了"水资源综合管理"以及参考《湄公河委员会关于通知、事先协商和达成协定的预备程序》等内容，但仍有许多工具可以进一步帮助水外交完善管理和保证实施绩效。例如，可以探讨环境影响评价（Environmental Impact Assessment，EIA）在水外交中的应用。EIA 不但可以体现在建造水利设施的过程中对于环境的保护，而且可以作为重要依据，以应对不实的言论。同时，在跨界水资源合作项目的投入过程中，可以采用生态系统服务付费（Payment for Ecosystem Service，PES）的方式在水库区移民搬迁、环境保护、区域发展方面进行补偿，保证跨界水资源合作的顺利展开，减少和消除与当地社区、非政府组织的冲突。因此，未来可以对上述工具在水外交理论体系中所起的作用以及如何发挥效用进行研究。其次，现有的中国水外交理论体系的构建与具体在湄公河地区的跨界水资源推进策略的设计，主要基于中国以往在跨界水资源合作与冲突的实践。虽然这些实践是水外交行动的一部分，但它们是在中国未完全形成水外交理论体系时进行的。未来，对于中国水外交理论体系下的具体水外交实践经验进行有针对性的研究，将更有助于水外交理论体系的完善。

第二，关于中国水外交在湄公河地区的水冲突新态势的研究。在本书的研究过程中，中国与湄公河国家的跨界水资源合作问题不断发展，这些新态势对于中国与湄公河国家跨界水资源合作的发展，以及中国水外交理论体系的形成与完善将起到重要作用。例如，目前国内外大多数研究是基于上游国家对下游国家的权利损害与威胁的视角，但下游国家同样对上游国家有着利益威胁与破坏，关于这种威胁的内容与影响如何，中国应该如何在其中应用水外交，都是值得探讨的议题。此外，非政府组织在中国与湄公河国家跨界水资源合作的干预意图和行为模式与其干预湄公河国家跨界水资源开发的意图和行为模式之间的联动关系，同样值得探索，其结果将有助于中国水外交对非政府组织的针对性策略研究。

第三，关于中国水外交与其他国家的跨界水资源案例研究。虽然湄公河地区的跨界水资源冲突是全球四大水冲突之一，具有案例的典型性且能最大程度上帮助中国完善水外交理论体系与制定解决实际问题的应对策略，但中国与南亚、中亚、东北亚国家的跨界水资源互动能为中国水外交理论体系的构建提供宝贵的经验，同时也是中国需要解决的重要议题。例如，南亚是中国未来周边外交与全球战略布局不可忽视的地区，但是中国与印度在跨界水资源合作上存在分歧，印度担心中国通过自己位于上游的优势以及通过建造水利设施来对其施加影响。这成为中印关系发展以及中国拓展与南亚国家关系的重要影响因素。因此，未来对中国与南亚、中亚、东北亚国家在跨界水资源开发中如何进行互动，中国水外交在上述互动中有何特点，可能要面临什么困境等问题进行研究，将有助于探索、总结、充实水外交理论，增加研究的战略意义。

第四，关于全球其他国家或国际组织的水外交经验对中国水外交理论与实践的启示研究。随着全球跨界水资源问题日益严重，各国开始加强对水外交的理论与实践研究，并用以解决本国与周边国家的跨界水资源冲突问题。因此，分析和研究阿姆河、底格里斯河、尼罗河等全球其他三个跨界水资源冲突热点地区的问题与解决模式，并分析和研究印度、瑞士、欧盟等国家或国际组织的水外交实施方式，将为完善中国水外交理论与形成有效策略提供宝贵的经验与启示。

附录一 澜沧江—湄公河合作五年行动计划
（2018—2022）[*]

一、发展目标

本《行动计划》根据澜沧江—湄公河合作（简称"澜湄合作"）首次领导人会议通过的《三亚宣言》等文件制定，旨在促进澜湄沿岸各国经济社会发展，增进各国人民福祉，缩小本区域发展差距，建设面向和平与繁荣的澜湄国家命运共同体。对接"一带一路"倡议、《东盟2025：携手前行》、《东盟互联互通总体规划2025》和其他湄公河次区域合作机制愿景，致力于将澜湄合作打造成为独具特色、具有内生动力、受南南合作激励的新型次区域合作机制，助力东盟共同体建设和地区一体化进程，促进落实联合国2030年可持续发展议程。

二、基本原则

本《行动计划》将密切结合澜湄六国发展需求和区域一体化进程，体现《三亚宣言》中确立的"领导人引领、全方位覆盖、各部门参与"的架构，

---

* 本文件于 2018 年 1 月 10 日在"澜沧江—湄公河合作第二次领导人会议"上发布，为澜沧江—湄公河合作机制纲领性文件。水资源合作作为澜沧江—湄公河合作机制的五个优先领域之一，在本文件 4.2.5 部分有详细叙述。参见：《澜沧江—湄公河合作五年行动计划（2018—2022）》，中华人民共和国外交部网站，2018 年 1 月 11 日，https://www.fmprc.gov.cn/web/ziliao_674904/1179_674909/t1524881.shtml，访问日期：2019 年 7 月 22 日。

以政府引导、多方参与、项目为本的模式运作，积极探索符合六国特点的新型次区域合作模式。本《行动计划》的实施将建立在协商一致、平等相待、相互协商和协调、自愿参与、共建、共享的基础上，尊重《联合国宪章》和国际法，符合各成员国国内法律法规和规章制度。2018 年至 2019 年为奠定基础阶段，重在加强各领域合作规划，推动落实中小型合作项目。2020 年至 2022 年为巩固和深化推广阶段，重在加强五大优先领域合作，拓展新的合作领域，以呼应成员国发展需求，完善合作模式，逐步探讨大项目合作。

三、工作架构

完善领导人会议、外长会、高官会、外交和各领域联合工作组会组成的多层次机制框架。

加强澜湄六国国家秘书处或协调机构间的沟通与协调，探讨建立澜湄合作国际秘书处。

每年通过高官会向外长会提交本《行动计划》落实进展报告，成员国将下一年度联合项目清单提交外长会审议通过。

在六方共识基础上，逐步将优先领域联合工作组级别提升至高官级或部长级。加强优先领域合作的同时亦鼓励扩展其他领域合作。

设计澜湄合作徽标及其他澜湄标志。

与其他湄公河次区域机制相互补充，协调发展。

协调澜湄合作与中国—东盟合作的关系。主要通过探讨与中国—东盟联合合作委员会建立交流沟通，加强与中国—东盟中心合作。作为临时性安排，与其他东盟相关机构加强合作。

四、务实合作

4.1 政治安全事务

4.1.1 保持高层交往

每两年召开一次领导人会议，规划澜湄合作未来发展。如有必要，在协商一致基础上召开临时领导人会议。

每年举行一次外长会，落实领导人会议共识，评估合作进展，提出合作建议。

六国领导人通过双边访问或其他国际合作平台保持经常性接触。

4.1.2 加强政治对话与合作

每年视情举行外交高官会、外交和各领域联合工作组会。

支持澜湄国家政策对话和官员交流互访活动。

4.1.3 政党交流

秉持澜湄合作精神，促进澜湄国家政党对话交流。

4.1.4 非传统安全合作

深化澜湄国家执法对话与合作，应对共同关心的非传统安全事务。

共同加强非传统安全事务合作，如打击贩毒、恐怖主义、有组织偷越国境、贩卖人口、走私贩运枪支弹药、网络犯罪及其他跨国犯罪。

秉持澜湄合作精神，遵守各国国内法律法规，促进六国间边境地区地方政府和边境管理部门交流。

加强澜湄国家警察、司法部门及相关院校合作。

加强防灾减灾、人道主义援助合作，确保粮食、水和能源安全。探索向灾民和受气候变化影响的人们提供支持的多种方案。

4.2 经济与可持续发展

4.2.1 互联互通

编制"澜湄国家互联互通规划"，对接《东盟互联互通总体规划2025》和其他次区域规划，促进澜湄国家全面互联互通，探索建立澜湄合作走廊。

推动铁路、公路、水运、港口、电网、信息网络、航空等基础设施建设与升级。增加包括北斗系统在内的全球卫星导航系统在澜湄国家基础设施建设、交通、物流、旅游、农业等领域的应用。

推进签证、通关、运输便利化，讨论实施"单一窗口"口岸通关模式。

加强区域电网规划、建设和升级改造合作，推动澜湄国家电力互联互通和电力贸易，打造区域统一电力市场。

制定澜湄国家宽带发展战略和计划，积极推进跨境陆缆和国际海缆建设和扩容。探索跨多国陆缆合作新模式，提高现有区域网络利用效率，持续提升澜湄国家间网络互联互通水平。

加强数字电视、智能手机、智能硬件和其他相关产品创新发展的合作。

加强标准和资质互认、发展经验分享和能力建设合作。

4.2.2 产能

根据《澜湄国家产能合作联合声明》，制定"澜湄国家产能合作行动计划"。

加强产能提升能力建设，开展经验交流与培训。

探讨搭建产能与投资合作平台，举办"澜湄国家产能合作论坛"等活动，探讨建立澜湄国家产能与投资合作联盟。

促进澜湄国家企业和金融机构参与产能合作。

探讨设立多边参与的澜湄产能合作发展基金。

4.2.3 经贸

通过建设跨境经济合作区的试点，推进跨境经济合作，完善合作框架、工作机制和制度性安排。

提升澜湄国家贸易和投资便利化水平，进一步降低非关税贸易壁垒。

成立澜沧江—湄公河商务理事会。探讨建立澜湄国家中小企业服务联盟。

举办国际贸易展销会、博览会和招商会等加强澜湄国家间贸易促进活动。

4.2.4 金融

基于包括《"一带一路"融资指导原则》在内的各类区域合作融资原则，共同建立澜湄国家间长期、稳定、可持续的多元融资体系。

加强澜湄国家金融主管部门合作与交流，防范金融风险。

强调稳定的金融市场和良好的金融结构对发展实体经济的重要性，支持加强金融监管的能力建设和相互协调。继续开展研究与经验交流，以促进双边货币互换、本币结算和金融机构合作。

加强与亚洲开发银行、亚洲基础设施投资银行、亚洲金融合作协会和世界银行等机构合作。

鼓励金融机构为商业经营提供便利，支持地区贸易投资。通过各类供应商和渠道，促进产品和服务发展，推进澜湄地区普惠金融和可持续增长。

4.2.5 水资源

做好水资源可持续利用顶层设计，加强水资源政策对话，定期举办澜湄水资源合作论坛。

推进澜湄水资源合作中心建设，使之成为支撑澜湄水资源合作的综合合作平台。

促进水利技术合作与交流，开展澜沧江—湄公河水资源和气候变化影响等方面的联合研究，组织实施可持续水资源开发与保护技术示范项目和优先合作项目。

加强水资源管理能力建设，开展该领域的交流培训与考察学习。

发展和改进对澜湄各国开放的水质监测系统，加强数据和信息共享。

加强澜沧江—湄公河洪旱灾害应急管理，实施湄公河流域防洪抗旱联合评估，就早日建立应对澜沧江—湄公河紧急洪旱灾害信息共享沟通渠道开展联合研究。

制定"水资源合作五年行动计划"，以协商解决共同关心的问题。

4.2.6 农业

加强政策协调，确保粮食、营养安全和食品安全，创造投资机会，加强农业可持续发展合作。

扩大农业科技领域的交流与合作，支持科研机构加强信息分享交流和人员互访，共建联合实验室、技术试验示范基地和技术中心，并建设澜湄合作农业信息网。

举办澜湄合作村长论坛。

推进农产品质量与安全合作，推动农产品贸易发展，打造澜湄国家统一农产品市场，提高区域农产品市场竞争力。

开展动植物疫病疫情监测、预警和联防联治合作。加强兽医卫生领域合作。开展水资源生态养护合作，推动建立澜湄流域生态养护交流合作机制，共建野生鱼类增殖救护中心，以加强鱼类多样性、鱼类数量和鱼群巡游等信息共享，促进在水产养殖能力建设等方面的渔业合作。

探讨共建农业产业合作园区，引导社会民间力量参与合作园区建设和运营。

4.2.7 减贫

制定"澜湄可持续减贫合作五年计划"，推动澜湄国家减贫经验交流和知识分享。

加强减贫能力建设和充足经济学等减贫经验分享，开展澜湄国家村官交流和培训项目。通过人员互访、政策咨询、联合研究、交流培训、信息互通、技术支持等多层次全方位能力建设活动，提升澜湄国家减贫能力。

在湄公河国家启动减贫合作示范项目。

4.2.8 林业

加强森林资源保护和利用，推动澜湄流域森林生态系统综合治理。

提升利用合法原材料加工的林产品贸易额，推进社区小型林业企业发展。加强林业执法与治理，合作打击非法砍伐和相关贸易，促进林业科技合作与交流，加强湄公河沿岸森林恢复和植树造林工作。

加强边境地区防控森林火灾合作。

加强野生动植物保护合作，共同打击野生动植物非法交易。

加强澜湄国家林业管理和科研能力建设，推动林业高等教育和人力资源合作交流，开展主题培训、奖学金生项目和访问学者项目。

4.2.9 环保

推进澜湄环保合作中心建设。对接澜湄六国环境保护发展规划，制定"澜湄国家环境合作战略"。

制定并实施"绿色澜湄计划"，重点推动大气、水污染防治和生态系统管理合作，加强与相关次区域机制沟通。

加强环境保护能力建设和宣传教育合作，提高民众环保意识。

4.2.10 海关、质检

探讨制定具体合作方案，逐步推动召开澜湄国家海关和质检部门会议。提高农产品等货物通关速度。

加强产品规格标准化，推进在认证认可领域的培训、合作与互认。开展澜湄国家计量援助，提升计量能力建设。

4.3 社会人文合作

4.3.1 文化

加强文化政策信息共享，促进文化对话，努力落实《澜湄文化合作宁波宣言》。

深化文化艺术、文物保护、非物质文化遗产保护传承、文化产业、文化人力资源开发等领域交流与合作，鼓励文化机构、文艺院团、文化企业开展交流与合作。

发挥澜湄各国设立的文化中心的作用，举办澜湄国家文化交流活动。

4.3.2 旅游

探讨成立澜湄旅游城市合作联盟。

加强旅游业人才培训，鼓励澜湄国家参加东盟旅游论坛、湄公河旅游论坛和中国国际旅游交易会等活动。

探讨建立澜湄合作中长期旅游发展愿景，加强促进旅游发展的软硬件基础设施建设。

推动认可东盟旅游标准。

4.3.3 教育

中国—东盟教育交流周期间举办活动，加强澜湄国家合作。

加强职业教育培训，支持在中国设立澜湄职业教育基地，在湄公河国家设立澜湄职业教育培训中心。

推动澜湄国家高校合作，鼓励高校间开展联合培养、联合研究和学术交流，探索建立学分互认互换制度。

4.3.4 卫生

加强对登革热、疟疾等新生和再发传染病防治合作，建立并完善跨境新生和再发传染病预警和联防联控机制。

加强医院和医疗研究机构间的合作，促进技术交流和人员培训。推进六国乡村医院和诊所建设方面的合作。

开展"光明行""微笑行"、妇幼健康工程等短期义诊。中方将向有需要的湄公河国家派遣医疗队。

4.3.5 媒体

加强主流媒体交流合作，鼓励举办影视节或展映活动。

鼓励六国外交部建立澜湄合作官方网站或在其外交部网站发布澜湄合作官方信息，酌情将社交媒体作为发布信息和处理公共事务的基础平台。

创办澜湄合作杂志或新闻手册，建立澜湄合作数据库。

4.3.6 民间交流和地方合作

通过举办各种民间活动，加强澜湄合作品牌建设，提升六国民众的澜湄意识。

推动青年交流，打造澜湄青年交流品牌项目。

通过举办培训班、交流互访等形式多样的活动，促进性别平等，提升妇女交流合作。

调动成员国地方政府参与澜湄合作，鼓励其参与澜湄合作具体项目。

鼓励非政府组织适当参与澜湄项目合作。

加强澜湄国家红十字会交流，开展社区综合发展项目，提升澜湄国家红十字会能力建设。

在成员国认为合适的基础上，鼓励人员交流互访，促进对宗教与宗教间事务上的国家管理合作。

五、支撑体系

5.1 资金支撑

用好中方设立的澜湄合作专项基金，优先支持澜湄合作领导人会议和外长会确定并符合《三亚宣言》等重要文件所设立目标的项目。鼓励各国加大资金资源投入。积极争取亚洲基础设施投资银行、丝路基金、亚洲开发银行等金融机构支持。发挥社会市场资源作用，打造立体化、全方位的金融支撑体系。

5.2 智力支撑

探索官、产、学一条龙合作模式，建立全球湄公河研究中心，逐步形成澜湄合作二轨团队和智库网络。

5.3 监督机制

充分发挥澜湄合作各国家秘书处或协调机构的作用，加强多领域合作，统筹资源，形成合力。督促和指导本国相关部门参与合作，对重要活动进行定期评估监督。利用民间专业机构的资源，发挥第三方监督作用。

附录二 首届澜湄水资源合作论坛昆明倡议*

一、水资源是澜湄合作成员国人民赖以生存的重要自然资源和宝贵财富。各成员国都处于社会经济快速发展阶段，工业化和城镇化对水资源的需求日益增长，同时，六国还面临洪旱灾害、水生态系统退化、水环境污染以及气候变化带来的不确定性等挑战，迫切需要采取共同行动。特别是采取综合方法，统筹考虑政策、技术、融资、社会和环境问题，促进性别平等和社会包容。

二、澜湄合作首次领导人会议发表的《三亚宣言》和第二次领导人会议发表的《金边宣言》凝聚了澜湄合作成员国的共识。上述宣言要求澜湄成员国加强水资源可持续管理及利用方面的合作。我们愿意积极推动相关共识的落实，促进澜湄合作成员国水资源可持续利用与保护，为六个成员国实现联合国 2030 年涉水可持续发展目标作出贡献。

三、澜湄水资源合作是澜湄地区第一个覆盖流域所有国家的水资源合作机制。我们将通过政策对话、技术交流、经验分享、联合研究、能力建设、宣传科普等形式积极推动澜湄水资源合作，携手努力，为澜湄地区应对水挑战、增进六国人民福祉作出显著的贡献。

四、我们建议，进一步加强澜湄合作成员国中央政府、地方政府和流

---

* 本倡议于 2018 年 11 月在中国昆明举行的"首届澜湄水资源合作论坛"上通过。倡议致力于推进六国水资源合作，为澜湄水资源合作重要文件。参见：《澜湄六国通过〈昆明倡议〉共同推进水资源合作》，新华网，2018 年 11 月 2 日，http://www.xinhuanet.com/politics/2018-11/02/c_1123656204.htm，访问日期：2019 年 7 月 22 日。

域机构的水治理能力建设，通过政策改进与制度创新，促进利益相关方合作以及信息和经验交流与分享，推动澜湄国家水治理决策的科学性、透明性、有效性和包容性。

五、我们赞赏澜湄水资源合作对于防御涉水灾难的高度重视，期待各国将灾害防范和抵御纳入长期规划，增加投资，改善风险评估，加强信息交流与经验分享。

六、我们呼吁澜湄合作成员国增加投入，推进涉水基础设施和服务方面的建设，促进水利设施产能合作，提高应对水资源挑战和气候变化风险的能力，保障各成员国的水安全。

七、我们赞赏澜湄水资源合作与区域内的其他合作机制相互补充、协调发展。我们愿意促进包括澜湄国家政府、企业、科研教育机构、民间团体及国际组织的合作。

八、我们建议澜湄合作成员国在澜湄水资源合作联合工作组机制下加强顶层设计，充分发挥澜湄水资源合作中心的支撑作用，继续通过举办澜湄水资源论坛等方式共享治水经验，探索合作机遇，发挥协同效应。

附录三　澜沧江—湄公河合作首次领导人会议三亚宣言*

——打造面向和平与繁荣的澜湄国家命运共同体

我们，柬埔寨王国、中华人民共和国、老挝人民民主共和国、缅甸联邦共和国、泰王国、越南社会主义共和国的国家元首或政府首脑，于2016年3月23日在中国海南省三亚市举行澜沧江—湄公河合作（简称"澜湄合作"）首次领导人会议。

我们一致认为，六国山水相连，人文相通，传统睦邻友好深厚，安全与发展利益紧密攸关。

我们高兴地注意到，六国已在双边层面建立全面战略合作伙伴关系，政治互信不断加深，各领域合作健康发展，同时在地区和国际机制中加强多边协调以促进地区乃至世界和平、稳定与发展。

我们认识到，六国同属澜沧江—湄公河流域，面临发展经济、改善民生的共同任务，同时，各国也面临全球及地区经济下行压力加大，以及恐

---

*　本文件于2016年3月23日在中国海南省三亚市举行的"澜沧江—湄公河合作首次领导人会议"上发布。此次会议主题为"同饮一江水，命运紧相连"。文件正式将水资源合作设为澜沧江—湄公河合作机制的五个优先领域之一，并就水资源合作的初步内容进行了规划。此外，文件还指出水资源涉及非传统安全（水安全）和互联互通（水路、港口）领域。参见：《澜沧江—湄公河合作首次领导人会议三亚宣言——打造面向和平与繁荣的澜湄国家命运共同体》，中华人民共和国外交部网站，2016年3月23日，https://www.fmprc.gov.cn/web/gjhdq_676201/gj_676203/yz_676205/1206_677292/1207_677304/t1350037.shtml，访问日期：2019年7月22日。

怖主义、自然灾害、气候变化、环境问题、传染病等非传统安全威胁带来的共同挑战。

我们忆及，中华人民共和国国务院总理李克强在第 17 次中国—东盟领导人会议上呼应泰国提出的澜沧江—湄公河次区域可持续发展倡议，提议建立澜沧江—湄公河合作机制。

我们确认六国关于澜沧江—湄公河合作的共同愿景，即其有利于促进澜湄沿岸各国经济社会发展，增进各国人民福祉，缩小本区域国家发展差距，支持东盟共同体建设，并推动落实联合国 2030 年可持续发展议程，促进南南合作。

我们欢迎澜湄合作首次外长会于 2015 年 11 月 12 日在中国云南景洪成功举行，会议发表了《关于澜湄合作框架的概念文件》和《联合新闻公报》。

我们重申对澜沧江—湄公河次区域和平、稳定、可持续发展和繁荣的承诺，决心加强相互信任与理解，合力应对地区面临的经济、社会和环境挑战，以释放本地区巨大的发展潜力。

我们强调澜湄合作应秉持开放包容精神，与东盟共同体建设优先领域和中国—东盟合作全面对接，与现有次区域机制相互补充、协调发展。

我们进一步强调澜湄合作将建立在协商一致、平等相待、相互协商和协调、自愿参与、共建、共享的基础上，尊重《联合国宪章》和国际法。

我们一致认为澜湄合作将在"领导人引领、全方位覆盖、各部门参与"的架构下，按照政府引导、多方参与、项目为本的模式运作，旨在建设面向和平与繁荣的澜湄国家命运共同体，树立为以合作共赢为特征的新型国际关系典范。

同意澜湄务实合作包括三大合作支柱，即（1）政治安全，（2）经济和可持续发展，（3）社会人文。

认可作为澜湄合作首次外长会成果的澜湄合作初期五个优先领域，即互联互通、产能、跨境经济、水资源和农业减贫合作。

一致同意采取以下措施：

1.推动高层往来和对话合作，增进次区域互信理解，以加强可持续安全。

2. 鼓励各国议会、政府官员、防务和执法人员、政党和民间团体加强交流合作，增进互信与了解。支持举办澜湄合作政策对话和官员交流互访等活动。

3. 根据各成员规定和程序，通过信息交换、能力建设和联合行动协调等加强执法安全合作，支持建立执法合作机构，推进有关合作。

4. 加强应对恐怖主义、跨国犯罪、自然灾害等非传统安全威胁的合作，共同应对气候变化，开展人道主义援助，确保粮食、水和能源安全。

5. 推动中国—东盟战略伙伴关系发展，加强在东盟与中日韩、东亚峰会、东盟地区论坛等区域合作机制中的合作。

6. 鼓励中国的"一带一路"倡议与澜湄合作活动和项目及包括《东盟互联互通总体规划》在内的湄公河国家相关发展规划之间的对接。

7. 加强澜湄国家软硬件联通，改善澜湄流域线、公路线和铁路线网络，推进重点基础设施项目，在澜湄地区打造公路、铁路、水路、港口、航空互联互通综合网络。加快电力网络、电信和互联网建设。落实贸易便利化措施，提升贸易投资，促进商务旅行便利化。

8. 如本次会议通过的《澜沧江—湄公河国家产能合作联合声明》所述，拓展工程、建材、支撑产业、机械设备、电力、可再生能源等领域产能合作，构建次区域综合产业链，共同应对成员国面临的经济挑战。

9. 支持加强经济技术合作，建设边境地区经济合作区、产业区和科技园区。

10. 通过各种活动加强澜湄国家水资源可持续管理及利用方面合作，如在中国建立澜湄流域水资源合作中心，作为澜湄国家加强技术交流、能力建设、旱涝灾害管理、信息交流、联合研究等综合合作的平台。

11. 开展农业技术交流与农业能力建设合作，在湄公河国家合作建立更多的农业技术促进中心，建设优质高产农作物推广站（基地），加强渔业、畜牧业和粮食安全合作，提高农业发展水平。

12. 落实"东亚减贫合作倡议"，在湄公河国家建立减贫合作示范点，交流减贫经验，实施相关项目。

13. 强调稳定的金融市场和健全的金融架构对实体经济发展的重要性，支持各国努力加强金融监管能力建设和协调。继续研究并分享经验，以推进双边本币互换和本币结算，深化金融机构合作。

14. 作为亚洲基础设施投资银行成员国，支持亚投行高效运营，为弥补基础设施建设领域的融资缺口，向亚投行寻求支持。

15. 鼓励可持续与绿色发展，加强环保和自然资源管理，可持续和有效地开发和利用清洁能源，建设区域电力市场，加强清洁能源技术交流与转让。

16. 共同推动《区域全面经济伙伴关系协定》谈判，期待谈判于 2016 年如期完成，促进东亚贸易和投资便利化。

17. 加强成员国之间文化交流，支持文化机构和艺术家间的交流合作，探讨建立澜湄人文交流平台的可能性。推动政府建立的文化中心充分发挥作用，开展形式多样的文化交流。

18. 提升科技合作和经验分享，深化人力资源开发、教育政策、职业培训合作和教育主管部门及大学间交流。

19. 加强公共卫生合作，特别是在传染病疫情监测、联防联控、技术设备、人员培训等领域加强合作，推动建立澜湄热带病监测预警平台，推动传统医药合作。

20. 增进旅游交流与合作，改善旅游环境，提升区域旅游便利化水平，建立澜湄旅游城市合作联盟。

21. 鼓励媒体、智库、妇女、青年等交流，打造六国智库联盟和媒体论坛，继续举办澜沧江—湄公河青年友好交流项目。

22. 每两年举行一次澜湄合作领导人会议，并根据需要举行领导人特别会议或非正式会议，旨在为澜湄合作长远发展进行战略规划。外长会每年举行一次，负责合作政策规划和协调。根据需要举行外交高官会和工作组会，商讨具体领域合作。未来视合作需要不断完善澜湄合作机制建设。

23. 欢迎中方设立澜湄合作专项基金、优惠性质贷款和专项贷款，用于推进澜湄合作。欢迎中方承诺未来 3 年向湄公河国家提供 1.8 万人年奖学金和 5000 个来华培训名额，用于支持澜湄国家间加强合作。

24. 认可"早期收获"项目联合清单，期待有关项目尽早实施，惠及所有成员国。各国领域部门应组建联合工作组，规划落实具体项目。

25. 加强各领域人才培训合作，提升澜湄国家能力建设，为澜湄合作的长远发展提供智力支撑。

26. 鼓励六国政府部门、地方省区、商业协会、民间组织等加强交流，商讨和开展相关合作。

附录四　澜沧江—湄公河合作第二次领导人会议金边宣言*

在短短不到两年时间里，澜湄合作机制已从萌芽期发展为成熟的区域合作机制，成为促进地区经济社会发展、提高人民生活水平、减少发展差距、支持东盟共同体建设、促进南南合作、推动落实联合国2030年可持续发展议程的重要机制。

澜湄合作机制已经建成水资源合作中心、澜湄环境合作中心、全球湄公河研究中心，澜湄合作专项基金已经开始运转。

与会领导人对在第一次领导人会议上提出的45个早期收获项目以及第二次外长会中方提出的13个倡议取得的实质进展非常满意，高度赞扬中国设立澜湄合作专项基金以及促进澜湄国家交流与合作的努力。

澜湄合作应秉持开放包容精神，与东盟共同体建设优先领域和中国—东盟合作全面对接，与现有次区域机制相互补充、协调发展。要根据全球力量的不断变化和发展趋势，通过与《东盟互联互通总体规划2025》、东盟一体化倡议、"一带一路"倡议以及各国发展战略合作，实现共赢。

澜湄合作机制已从培育期发展到成长期，未来将进一步加强在五个优先领域的合作，拓展新的合作领域，应对澜湄国家的发展要求，优化合作模式，合力打造澜湄流域经济发展带。

---

* 本文件于2018年1月10日在柬埔寨金边举行的"澜沧江—湄公河合作第二次领导人会议"上发布。此次会议的主题是"我们的和平与可持续发展之河"，此文件为澜湄合作机制指明未来十年发展进程。《澜湄合作第二次领导人会议发表〈金边宣言〉》，中国政府网，2018年1月11日，http://www.gov.cn/xinwen/2018-01/11/content_5255385.htm，访问日期：2019年7月22日。

附录五　湄公河委员会关于通知、事前磋商和达成协定的预备程序*

导　言

重申 1995 年 4 月 5 日在泰国清盛签订的《湄公河流域可持续发展合作协定》（以下简称《湄公河协定》）所确定的，以建设性的和互利互惠的方式继续合作并促进湄公河流域水资源及其相关资源的利用和开发的政治意愿；

依照湄委会理事会 1999 年 10 月 18 日关于水资源利用计划的决议、联合委员会 2001 年 7 月 12 日和 13 日第十四次会议"关于制定通知、事前磋商和达成协定的预备程序的技术草案 II"的决定（以下简称"本程序"）；

认识到本程序的预备情况和需要提出水资源利用原则的适当方法；

再次承诺共同完成一些悬而未决的事情，如最后确定与其他原则密切相关的本程序，和／或实施其他由湄委会理事会决定的湄委会计划；

我们在此通过以下"通知、事前磋商和达成协定的预备程序"：

1. 关键术语定义

干湿季：由于区域上的差异，整个流域的湿季和干季开始和结束的时间是不同的。根据对较长系列的水文气象资料的初步分析，湿季基本上开

---

* 本程序中文版本基于何大明、冯彦的中译本（参见：何大明、冯彦《国际河流跨境水资源合理利用与协调管理》，科学出版社，2006，第 198—204 页），并根据湄公河委员会 2003 年 11 月 30 日公布的原文（ Procedures for Notification, Prior Consultation and Agreement ）修订。

始于 5 月中旬到 6 月中旬，结束于 11 月中旬到 12 月中旬。联合委员会将由湄委会秘书处和国家湄委会在对长期干流流量数据分析的基础上，最终确定干湿季开始和结束的确切时间。

湄公河干流：湄公河流经中国、缅甸、老挝、泰国、柬埔寨和越南六国，最终在越南的美泉和美托入海。

湄公河支流：全年内，一条天然河流的水流入湄公河干流或从湄公河干流中获得水的河流称为湄公河支流。其最终定义将由湄委会联合委员会作出。

水利用：依据本程序目标，水资源利用是指由成员国作出的任何湄公河系统水资源的消耗性利用计划。

源于《湄公河协定》的相关和重要定义：

第 5 条中的协定：是指联合委员会通过对湿季内从干流的流域间分流及干季流域内利用或流域间分流的申请水资源进行事前磋商和评估所作出的决定。这一协定的目标按照第 26 条中提出的水资源利用和流域间分流的规定，通过积极有效的一致努力，以取得对水资源的最佳利用并防止浪费。

通知：是指任一沿岸国根据第 26 条中水资源利用和流域间分流规定要求的格式、内容和程序，及时向联合委员会提供其申请水利用的信息。

事前磋商：根据第 26 条规定的水资源利用和流域间分流规定，及时通知并提供附加数据和信息给联合委员会，以便其他成员国能够就申请利用对其水资源的利用和其他影响进行讨论和评估，并以此达成一个协定。事前磋商既不是否决水利用的权利，也不是任何沿岸国单方面有权利用水而不顾及其他沿岸国的权利。

申请利用：指任一沿岸国对湄公河水系统水资源的确切利用计划，但不包括家庭生活用水和对干流水流不会产生重大影响的少量用水。

2. 目标

本程序的目标是：

（1）为湄委会成员国履行《湄公河协定》第 5 条提供切实可行的实施步骤，以支持《湄公河协定》第 26 条水资源利用的规定；

（2）进一步促进湄委会成员国间相互理解与合作，以建设性和互利互惠的方式保证湄公河流域水及相关资源的可持续利用、管理和保护。

3. 原则

本程序将遵循以下指导性原则：

（1）主权平等与领土完整；

（2）公平和合理利用；

（3）相互尊重权利及合法利益；

（4）负有诚意 / 善意；

（5）公开透明。

4. 通知

4.1 通知范围

4.1.1 按照 1995 年《湄公河协定》第 5 条的规定，4.1.2 中所述应申请水利用的通知应按照本程序附件 I 规定的格式、内容、时间框架和原则，即时提交给联合委员会。

4.1.2 要求进行通知和应履行通知程序的申请水利用，包括：

（1）流域内利用和在支流上进行流域间分流，包括洞里萨湖的水利用；

（2）湿季干流上的流域内利用。

4.2 通知的内容及格式

4.2.1 内容

通知应包括可行性研究报告、实施计划和时间表以及所有现成资料。

4.2.2 格式

通知内容应简单明了，具体格式见本程序附件 I 。

4.3 通知的管理机构

国家湄委会和湄委会的下属机构依照其各自以下职责 / 任务负责本程序中的通知事务：

4.3.1 国家湄委会

本程序中每一国家湄委会的作用 / 职能 / 任务是：

（1）将本程序 4.1 规定履行通知程序的申请利用的范围、内容和格式通知相关部门；

（2）审核并检查由相关机构提交的通知文本，以保证通知文本完全按照规定内容和格式提交了所要求的数据和信息；

（3）将通知文本以适当文件形式进行建档、记录和传送给湄委会秘书处，再由秘书处将其提交给联合委员会和传送给其他国家湄委会。

4.3.2 湄委会秘书处

本程序中湄委会秘书处的作用／职能／任务是：

（1）按照附件Ⅰ的格式，接收、检查所提交的通知的完整性，并进行记录和建档；

（2）将通知提交给联合委员会，并复制给其他国家湄委会；

（3）将相关数据和信息存入湄委会秘书处的数据信息系统；

（4）对通知提出意见／建议，并提交联合委员会。

4.3.3 联合委员会

本程序中联合委员会的职责／职能／任务是确认提交给它的通知，并对由秘书处提交的意见／建议提出意见（如果有的话）。

4.4 通知步骤程序

通知应根据本程序4.3的规定，按照各相关机构各自的职责／职能和任务，由相关国家湄委会通过湄委会秘书处传送给联合委员会。

4.5 通知的时间框架

申请水利用的通知应在其实施前的适当时间内提交给联合委员会。

4.6 没有发布通知的水利用

如果相关国家没有就其计划的水利用提交通知，联合委员会将要求相关国家湄委会履行本程序4.3.1中的义务／职责。

5. 事前磋商

5.1 事前磋商的适用范围

考虑到1995年《湄公河协定》第5条规定的和要达成协定的目标，以下计划用水应进行事前磋商：

（1）湿季从干流上进行的流域间分流；

（2）干季在干流上的流域内用水；

（3）干季剩余水量的流域间分流。

5.2 事前磋商的内容和格式

5.2.1 内容

除通知要求提供的资料和信息外，提交通知的国家还应及时向联合委员会提供本程序附件Ⅱ（A）规定的关于计划用水的其他可用的技术资料和信息，用于其他沿岸国评估其影响。

5.2.2 格式

附件Ⅱ（A）列出了提交报告格式及其信息清单。

5.2.3 被通告国家的回复格式

被通告国家用于回复计划用水的格式见附件Ⅱ（B）。

5.3 事前磋商的管理机构

国家湄委会和湄委会的下属机构依照其各自以下作用／任务负责处理本程序中的事前磋商事务：

5.3.1 国家湄委会

本程序中每一国家湄委会的作用／职能／任务是：

（1）将本程序规定需提交事前磋商的水利用计划，按照所要求的范围、内容和格式通知相关机构；

（2）接收、审核、检查由相关部门提交的事前磋商报告文本，以保证其与所要求的内容和格式一致；

（3）将提交上来的报告进行整合使之成为一个适当的文件报告，并将其传送给湄委会秘书处，由它提交给联合委员会和传送给其他国家湄委会；

（4）将从湄委会秘书处收到的确切的需要进行事前磋商程序的确切用水计划的回复意见建档，并传达给相关机构或部门。

5.3.2 湄委会秘书处

本程序中湄委会秘书处的作用／职能／任务是：

（1）根据附件Ⅱ（A）的格式，接收、检查事前磋商文件是否符合要求并进行记录和建档，同时根据附件Ⅱ（B）的格式提出回复意见；

（2）将事前磋商的用水计划文件提交联合委员会，并复制给其他国家湄委会；

（3）如果联合委员会提出要求，将对相关国家提交的事前磋商报告进行审查、分析，并向联合委员会提供技术建议；

（4）如果相关成员国要求，应提供其他现成的资料和信息，并组织召开协商会议；

（5）为对需要进行事前磋商的用水计划进行评估而提供有效的技术支持，如果需要，联合委员会可以建立一个由秘书处支持的调查小组到实地进行考察；

（6）将相关资料和信息输入湄委会数据和信息系统。

5.3.3 联合委员会

本程序中联合委员会的作用/职能/任务是：

（1）确认和评价由秘书处提交的任何事前磋商文件；

（2）评估由任何成员国提交的对需要事前磋商的用水计划报告的建议/意见；

（3）在秘书处的支持下，在相关国家间对用水计划开展磋商，联合委员会按照程序原则第4条的规定，建立一个工作小组协助完成事前磋商程序，以期就计划用水达成协定；

（4）尽力处理在事前磋商过程中产生的问题；

（5）按照《湄公河协定》第26条对干季流域间分流的用水计划的规定，根据理事会批准的标准，对干流剩余水量进行核实并制定出全体一致同意的可用性准则。

5.3.4 理事会

本程序中理事会的职能同1995年《湄公河协定》规定。

5.4 事前磋商程序

5.4.1 事前磋商文件的提交

本程序5.2.1和附件Ⅱ（A）指定的计划用水需进行事前磋商，该事前磋商文件应在一定时间内由通报国家的国家湄委会通过秘书处提交给联合委员会。湄委会秘书处将文件的复本传送给其他成员国，以便其进行相应的评价和提出回复。

5.4.2 对计划用水的评价和回复

自联合委员会通过秘书处收到由通报国家提交的事前磋商文件之日起，其他成员国应对该用水计划进行评估，并按照附件Ⅱ（B）的格式通过秘书处向联合委员会提出回复意见。

如果确需必要，被通知的国家可以通过联合委员会要求通报国提供其他信息、对用水计划进行陈述或磋商、和/或对计划用水的项目实施地进行实地考察，以便对用水计划可能造成的影响和对被通报国权利的影响进行评估，并促进联合委员会最终对用水计划达成一个协定。

在对用水计划进行评估期间，通报国如果被要求，应提供有用的资料和信息，以便对其计划用水产生一个适当的评估。如果需要，联合委员会可以指导湄委会秘书处或委任一个工作小组或技术咨询组协助对该计划用水，并对其他沿岸国的权利和已有水利用可能造成的影响进行评估。

5.4.3 联合委员会决议

联合委员会将针对该用水计划达成一个协定并作出一个包含附加条件的决议。该决议将成为该用水计划档案的一部分和用水计划实施记录的一部分。

通报国家在没有给其他成员国提供对用水计划进行讨论和评估机会前，不应实施该用水计划，联合委员会应对被通知国家对该用水计划的意见和保留意见给予回复并将其存入档案。

5.5 事前磋商的时间框架

5.5.1 事前磋商的时间框架定为从收到通知国家的事前磋商文件/报告之日起的 6 个月。

5.5.2 如果需要，依据联合委员会的决议允许延长一个周期。

5.6 没有提请事前磋商的情况

如果没有提供事前磋商所要求的文件，联合委员会将要求相关国家湄委会履行本程序 5.2.1 所规定的职责/任务。

6. 特定协定

任何干季干流流域间分流项目都须由联合委员会在每个分流项目实施前达成一个特定协定并批准同意。该特定协定须由联合委员会的所有成员签字，注明同意意见及分流的时间及分流水量等技术条件。特定协定的格式及内容将由联合委员会根据具体情况确定。

7. 最后条款

（1）附件是本程序整体的一部分。

（2）向联合委员会提交报告。

湄委会秘书处将每年向联合委员会提交本程序实施的相关事务情况报告，包括必要的建议。

（3）在本程序提交给理事会批准时，诸如附件Ⅲ所列的悬而未决事务将予以公开并将在准备最终程序时给予考虑。

（4）本程序的补充。

本程序的任何补充或修改将由理事会批准同意。

本程序由湄委会理事会于 2003 年 11 月 30 日在柬埔寨金边的第十次会议上批准通过。

理事会成员签名

附件 I

通知格式

（湄公河委员会关于通知、事前磋商和达成协定的预备程序）

1. 通报国家：

2. 提交日期：

3. 通报部门 / 机构（名称、地址、联系电话 / 传真 / 电子邮件地址）：

4. 联系人（姓名、地址、联系电话 / 传真 / 电子邮件地址）：

5. 项目名称：

6. 项目所在位置：

7. 项目类型：

（1）支流上

①流域内利用

②流域间分流

（2）干流上

湿季流域内利用

8. 申请项目目标：

9. 项目预期实施时间：

（1）项目开工时间

（2）项目完工时间

（3）项目运行时间

10. 水资源利用时间框架及持续时间：

11. 项目介绍（范围、大小尺寸、地图、类型、涉及水量、运行能力和特征等）：

12. 附加文件：

附件 II（A）

事前磋商格式

（湄公河委员会通知、事前磋商和达成协定的预备程序）

1. 通报国家：

2. 报告提交日期：

3. 通报部门 / 机构（名称、地址 / 电子邮件地址、电话、传真）：

4. 联系人（姓名、地址 / 电子邮件地址、电话、传真）：

5. 项目名称：

6. 项目位置：

7. 项目类型：

（1）湿季干流流域间分流；

（2）干季干流流域内利用；

（3）干季干流剩余水量的流域间分流。

8. 计划用水目标：

9. 预期项目实施日期：

（1）项目开工时间；

（2）项目完工时间；

（3）项目运行时间。

10. 计划用水的时间及持续时间：

11. 项目介绍（范围、大小、位置、类型、水量、运行能力和特征等）：

12. 考虑资料或意见：

13. 其他有用资料和信息及 / 或文件，如项目可行性报告、环境影响报告等：

附件 II（B）

事前磋商回复格式

（湄公河委员会通知、事前磋商和达成协定的预备程序）

1. 回复国家：

2. 回复日期：

3. 回复部门 / 机构（名称、地址 / 电子邮件地址、电话、传真）：

4. 联系人（姓名、地址／电子邮件地址、电话、传真）：

5. 项目名称：

6. 项目位置：

7. 项目类型：

（1）湿季干流流域间分流；

（2）干季干流流域内利用；

（3）干季干流剩余水量的流域间分流。

8. 文件接收日期：

9. 回复意见：

附件Ⅲ

未解决事务

（湄公河委员会通知、事前磋商和达成协定的预备程序）

1. 定义：

（1）干、湿季开始与结束的确切时间；

（2）"湄公河支流"的最终定义；

（3）"水资源利用"的最终定义；

（4）在 TDG Ⅱ第八次会议草案文件中的其他定义。

2. 《湄公河协定》第 5 条所述范围的相关问题：

（1）第 2 款第 1 项中"……《湄公河协定》第 5 条（和其他相关规定）的实施……"；

（2）本程序 4.1.2 中"第 3 项，对沿岸国产生重大影响的计划用水或行为"；

（3）从本程序第 7 条和第 10 条中删除的程序。

3. 有关国家湄委会的作用问题

本程序 5.3.1 中"第 4 项所述——在联合委员会的要求下，推动磋商、陈述、评估及实地考察"。

附录六　湄公河委员会数据和信息的交流
与共享程序*

导　　言

认识到从 1957 年至今通过湄公河合作框架开展数据信息收集、交流、共享和管理以实现切实合作的必要性；

认识到为湄公河委员会和其成员国实施于 1995 年 4 月 5 日在泰国清盛签订的《湄公河流域可持续发展合作协定》（以下简称《湄公河协定》）而建立一个有效、可靠和易获得的数据信息系统的现实必要性；

依照湄公河委员会理事会 1999 年 10 月 18 日关于水资源利用计划决议和湄公河委员会联合委员会 2001 年 3 月 8 日召开的第十三次会议决定；

我们在此通过以下数据和信息的交流与共享程序：

1. 关键术语定义

根据本程序目标，以下术语将适用于本程序，除非有其他专门解释：

数据：依照所确定的固定格式，适于传输、分析或处理的切实反映真实情况的数据资料。

数据和信息的交流：指在成员国之间相互传输的数据和信息。

---

*　本程序中文版本基于何大明、冯彦的中译本（参见：何大明、冯彦《国际河流跨境水资源合理利用与协调管理》，科学出版社，2006，第 195—197 页），并根据湄公河委员会 2001 年 11 月 1 日公布的原文（Procedures for Data and Information Exchange and Sharing）修订。

数据和信息的共享： 指成员国通过湄委会秘书处从湄公河委员会信息系统中充分获得数据和信息的规定。

信息： 为实施《湄公河协定》而要求进行交流和共享的数据资料，这些数据资料是经分析、处理和修正，之后由拥有这些数据或对这些数据有所有权的相关权威机构发布的数据。

标准： 为将利用数据的处理成本减至最小，而由相关科学或技术学科确定的最佳数据处理指导方针。

2. 目标

本程序所确定的目标有：

（1）在四个湄公河委员会成员国之间实现数据和信息交流；

（2）由相关国家湄委会确定的公众渠道，通过申请，获得可用的基础数据和信息；

（3）促进湄委会各成员国间具有建设性的相互理解与合作，以互利互惠的方式保证湄公河流域的可持续发展。

3. 原则

为与《湄公河协定》的条款一致，在成员国交流和共享的数据和信息的管理应遵循以下原则：

（1）在正常情况下，进行交流的数据和信息是实施《湄公河协定》所必要的数据和信息，数据和信息的交流必须遵守相关国家的法律规章，特别是涉及国防或国家安全、商业秘密和受知识产权保护；

（2）数据和信息的交流与共享，包括信息需求的优先顺序应以有效、公平、互惠和节约成本的方式进行；

（3）保存在湄委会信息系统内的数据和信息由湄委会秘书处负责维护和管理，这些数据和信息应以所确定的标准格式得到合适的、及时的和正确的维护，并通过一个适当的网络和传输系统为湄委会和其成员国建立行之有效的共享平台；

（4）湄委会在开展活动、项目和计划时，如需额外使用目前尚不可用的数据和信息，将由湄委会联合委员会协商和确定，包括制定数据收集的程序和成本分担机制，以最低可行成本及时、公平地获取所需的最低限度数据。

4. 数据和信息的交流与共享

每个国家湄委会和湄委会秘书处应以以下原则进行彼此间合作：

（1）支持和促进本程序的实施；

（2）向湄委会秘书处提供数据和信息，数据和信息应基本达到以下要求：

①为实施湄委会计划/活动和《湄公河协定》所必需的数据和信息的主要类型/组包括（不限于）以下这些方面：

　a. 水资源；

　b. 地形；

　c. 自然资源；

　d. 农业；

　e. 航运与交通；

　f. 洪水管理与洪灾治理；

　g. 基础设施建设；

　h. 城市化/工业化；

　i. 环境/生态；

　j. 行政边界；

　k. 社会经济；

　l. 旅游。

②由湄委会秘书处决定、联合委员会批准的标准，包括但不限于格式、标准化、分类和可接受的数据质量水平。

③数据和信息提交的时间安排。

④数据和信息交流和共享的形式。

（3）为实施《湄公河协定》提供切合实际的历史数据资料。

要求提供除常规数据资料外，为实施湄公河委员会项目、计划所需要的其他额外数据和信息的收集经费由要求提供资料的一方支付。

数据和信息的传输渠道必须通过湄委会秘书处。

5. 实施方案

湄委会联合委员会应依照《湄公河协定》的要求监督本程序的有效实施。

5.1 湄公河委员会信息系统维护者职责

湄委会秘书处作为信息系统维护者有以下职责：

（1）获得并更新进行交流和共享的数据和信息；

（2）代表湄委会负责管理该信息系统；

（3）保证正常使用，并维护所有符合标准的数据和信息；

（4）提供一个经认证的链接点用于数据和信息的发布、传输和共享；

（5）估算和收取额外数据和信息的费用；

（6）为湄委会联合委员会准备其将采用的湄委会信息系统维护和管理指导方针。

信息系统使用者在数据和信息使用中的义务与责任将在湄委会信息系统工程维护和管理指导方针中详细说明。

5.2 报告

湄委会秘书处将负责每年向湄委会联合委员会和理事会报告本程序实施的总体情况，信息系统的运行状况，为保证数据、信息和系统的完整性、信息的易获得性及其质量所采用的相关技术指标和标准的适宜性，已采取的补救性和调整性措施，以及今后工作建议。如果需要，应包括本程序的修改、补充和相关指导原则。

6. 执行

本程序将于湄委会理事会成员签字之日起在成员国间生效。

本协议于 2001 年 11 月 1 日在泰国曼谷湄委会理事会第八次会议上批准通过。

附录七 湄公河委员会水资源利用监督程序*

导 言

重申 1995 年 4 月 5 日在泰国清盛签订的《湄公河流域可持续发展合作协定》（以下简称《湄公河协定》）所确定的，以建设性的和互利互惠的方式继续合作并促进湄公河流域及与水资源相关的其他资源的开发和利用的政治意愿；

依据湄委会理事会在 1999 年 10 月 18 日关于水资源利用计划的决议和批准关于成立水资源利用监督程序第三技术起草小组的决定，以下为湄委会联合委员会提交的该程序；

再次认识到如果没有水资源利用监督，实现水资源的公平合理利用是不可能的；

为此，我们通过以下决定：

1.定义

水资源利用：根据本程序目标，水资源利用是指成员国可能会对湄公河系统干流的水质或水流产生重大影响的水利用。联合委员会依据本程序有效实施的要求即时对本定义进行评估和修正。

---

* 本程序中文版本基于何大明、冯彦的中译本（参见：何大明、冯彦《国际河流跨境水资源合理利用与协调管理》，科学出版社，2006，第 205—207 页），并根据湄公河委员会 2003 年 11 月 30 日公布的原文（Procedures for Water Use Monitoring）修订。

流域间分流：是指从湄公河水系的干流或一支流将水分流进入另一流域。

水资源利用监督系统：湄委会水资源利用监督系统（以下简称"监督系统"）是指由湄委会和成员国建立的、用于监督湄公河流域内和将流域内水分流到另一流域的水资源利用行为。监督系统的组成及其管理/运行将在4.2进行详细规定。

2. 目标

本程序的目标如下：

2.1 为支持对流域内水资源利用的监督和监督流域间分流决议的有效实施，提供一个全面、恰当的监督框架和步骤。

2.2 通过水资源利用监督系统的公平透明、真实的运行，促进成员国间更好地相互理解与合作。

3. 原则

为与《湄公河协定》规定相一致，水资源利用监督将依照以下原则进行管理：

（1）有效性原则；

（2）协调性原则；

（3）公开透明性原则；

（4）成本有效性原则；

（5）动态/实时跟踪性原则；

（6）适应性/即时调整原则；

（7）互利互惠/多方受益原则。

4. 水资源利用监督

4.1 适用范围

本程序所监督的水资源利用包括流域内水利用和流域间分流。

4.2 监督系统

监督系统由以下三个部分组成：

（1）建在相关国家并由其管理的机械/固定设备和相关建筑；

（2）各种技术程序；

（3）相关人员／单位／机构。

各组成部分的具体构成由技术支持小组确定。

4.3 制度安排

湄委会联合委员会、湄委会秘书处和各国家湄委会根据以下各自的作用／职能／任务负责监督系统的运行和管理：

4.3.1 湄委会联合委员会

除联合委员会自身的职责和由理事会批准下达的相关规定／程序外，其在水资源利用监督程序中的职责和作用包括但不限于：

（1）与成员国合作建立和／或加强、管理监督系统；

（2）保证监督系统效力及其有效运行；

（3）保证监督系统的准确度和公平透明，包括必要时实地检查；

（4）与湄委会其他程序相协调、与湄委会相关标准相统一，不断完善本监督系统；

（5）如果需要，对本程序进行再评价和补充完善。

联合委员会可将全部或部分职责委派给一个技术支持小组。

4.3.2 湄委会秘书处

秘书处在水资源利用监督中的职责和任务包括执行联合委员会的指示、在本程序的实施过程中支持各国家湄委会的工作和与国家湄委会合作。

除履行《湄公河协定》中所规定的，湄委会理事会、联合委员会及其他相关程序／规定指派的职责和义务外，秘书处在本程序中的职责和任务是协助联合委员会或实施联合委员会完成其在 4.3.1 被委派的任务，特别包括：

（1）准备与水资源利用监督相关的报告，包括水资源利用监督结果、水资源利用监督程序适应性和有效性、监督系统运行状况的年度报告；

（2）在财政和技术上协助各国家湄委会加强水资源利用监督系统，包括所要求的实地检查；

（3）在技术和其他方面向联合委员会提出建议；

（4）为支持本程序的实施，提供技术咨询和法律咨询（在有所要求时）。

4.3.3 国家湄委会

各国家湄委会在水资源利用监督中的职责和任务包括但不限于：

（1）在各自国家内与湄委会联合委员会合作建立、维护和加强该监督系统；

（2）为监督目标提供水资源利用数据／资料；

（3）参与和协助国内相关机构实施本程序。

5. 最后条款

5.1 补充与修改

本程序的任何补充或修改由湄委会理事会批准。

5.2 生效

本程序将在湄委会理事会成员批准之日起生效。

本程序于 2003 年 11 月 13 日在柬埔寨金边召开的湄委会理事会第十次会议上批准通过。

附录八　湄公河委员会信息系统托管和管理指导方针 *

湄公河委员会各成员国再次认识到，各国实现 1995 年 4 月 5 日在泰国清盛签订的《湄公河流域可持续发展合作协定》（以下简称《湄公河协定》）之目标，只能在流域规划、开发和监督目标所必需的数据和信息能够即时获得、即时更新和交流的基础上实现。

在湄委会理事会 2001 年 11 月 1 日泰国曼谷的第八次会议上，理事会批准了数据和信息交流与共享程序（以下简称"交流与共享程序"）。

正如交流与共享程序所述，一系列技术指导方针和标准需要确定，这些监督和管理指导方针（以下简称"指导方针"）依照交流与共享程序 5.1 的规定而制定，以确定资料托管和管理的关键运行原则。

第一部分——湄委会信息系统的管理

为向湄委会及其成员国的项目与规划提供数据和信息服务而建立湄委会信息系统。本信息系统是一个数据和信息结构上可传输和管理的系统，其最终目标是支持《湄公河协定》框架中的流域规划、开发、决策和监督活动。本信息系统由以下几个部分组成：

---

　　* 本文件中文版本基于何大明、冯彦的中译本（参见：何大明、冯彦《国际河流跨境水资源合理利用与协调管理》，科学出版社，2006，第 208—212 页），并根据湄公河委员会 2002 年 7 月 11 日公布的原文（Guidelines on Custodianship and Management of the Mekong River Commission Information System）修订。

（1）湄委会综合数据库；

（2）模型和其他数据处理工具；

（3）用于数据和信息共享及交流的制度和战术机制；

（4）涉及湄委会信息系统开发、托管和使用的人员。

各湄委会成员国委托湄委会秘书处负责管理本信息系统。

为实现信息系统的有效管理，本信息系统的设计与实施小组由湄委会秘书处部门/项目组和各国家湄委会的代表组成，该小组的作用和职责见本指导方针附件Ⅰ。本信息系统的目标是帮助湄委会秘书处制定和交流与共享程序的实施及其协调的所有事务相关的技术原则和标准。

第二部分——数据和信息的托管机构

2.1 数据和信息托管机构

湄委会秘书处将负责数据和信息交流与共享程序所规定的"信息系统托管"任务。

国家湄委会/各沿岸国的相关机构，作为交流与共享程序所规定的将用于交流和共享数据和信息的原始收集、整理和存储机构，是"初级托管者"。

2.2 托管者的权利和责任

湄委会秘书处作为湄委会信息系统的托管者的作用，是代表湄委会成员国保存信息系统的数据和信息。

信息系统的托管者与各国家湄委会协作，并通过信息系统设计与实施小组，负责制定联合委员会批准的适当标准。

每个托管者都将制订和实施信息管理计划，以保证所需数据和信息的连续收集、处理和托管。

每个托管者都是其负责的基础数据的权威来源。

即使该托管者与他人也有收集部分或全部同样信息的协议，仍需保证数据的整合和传输渠道的畅通。

每个托管者应在其职责范围内按照所批准的标准建立和交流数据的元数据。

2.3 作为初级托管者 / 机构的选择

每个国家湄委会将负责选择其国家内为实施《湄公河协定》所需数据的托管者。湄委会秘书处通过信息系统设计与实施小组可能协助制定选择标准的准备工作。

2.4 数据和信息范围

湄委会秘书处通过恰当的信息系统设计与实施小组，开发、发布并定期更新交流与共享程序中规定的 12 种主要数据和信息类型的详细数据。

收集或处理推动湄委会行动、计划和项目随时所需的其他和 / 或难以获得的数据和信息，以便湄委会联合委员会依照相关程序和成本共享原则达成协议。

第三部分——使用者的责任与义务

四级数据和信息使用者有各自不同的责任与义务。

3.1 内部数据和信息使用者

湄委会所有机构（理事会、联合委员会和秘书处）、国家湄委会和直接相关机构是内部数据和信息使用者，拥有完全使用湄委会信息系统所有可用数据和信息的权利。

内部数据和信息使用者应依据相关版权、知识产权和特定保密的要求，尊重原数据拥有者的权利，并在出版物的适当位置注明来源。

3.2 其他数据和信息使用者

3.2.1 商业数据和信息使用者

这类使用者为了获利或其他商业利益，想利用湄委会信息系统数据和信息。他们包括但不限于：

（1）独立的商业数据和信息使用者（如利用湄委会信息设计一个私人商业项目的开发公司）；

他们使用的数据和信息应遵守湄委会秘书处颁发的法律约束许可证的规定。该许可证将明确每种情况的特定要求和其他事务，包括但不限于：

①允许使用的原数据；

②数据发表的限制；

③知识产权问题；

④收费标准。

（2）直接签订协议的商业数据和信息使用者（如湄委会秘书处或国家湄委会和直接关系机构签约的顾问／咨询人或机构）；

他们的责任与义务，除包括常规事务、版权和知识产权问题外，应根据其承担的合同任务，确定可使用的数据和信息标准。

（3）与湄委会伙伴相关的商业数据和信息使用者（如为实施湄委会目标与一个湄委会伙伴签订协议的顾问）。

与湄委会伙伴签订协议的信息使用者，他们所用的数据和信息应受湄委会秘书处颁发的许可证管理。为保证这一点，湄委会秘书处将在伙伴协议中制定相应的规定。

3.2.2 研究／学术机构或社会团体数据和信息使用者

这类使用者首先要遵守常规的国际版权保护公约的规定。

湄委会将对这类使用者所使用的数据和信息条件作出特别规定，并颁发许可证。

湄委会信息托管者对数据和信息的发布必须与交流与共享程序所确定的目标和原则相一致。

3.2.3 公众数据和信息使用者

湄委会将依照已经制定的政策，通过各种媒介向公众发布合适的数据和信息。使用普通信息的公众除应遵守的相关法律外，没有特别的责任和义务。

第四部分——这些指导方针的实施与评估

4.1 实施

湄委会秘书处与国家湄委会一起负责这些指导方针的实施。

信息系统设计与实施小组应作为协调湄委会秘书处和国家湄委会的场

所，协调与湄委会信息系统开发与实施相关的所有事务，并应帮助湄委会制定与交流与共享程序相一致的技术指导方针和标准。

4.2 评估

湄委会秘书处将负责对这些指导方针进行评估，并提出适当的建议。按照交流与共享程序的规定，该评估包括建议应作为联合委员会年度报告的部分内容。

湄委会秘书处需要关注各国家湄委会、其他托管者和所交流与共享数据和信息使用者的意见，包括满足他们需求的程度。

对这些指导方针的任何补充、修改或修订应得到联合委员会的批准。

本文件于 2002 年 7 月 1 日在柬埔寨金边召开的联合委员会第十六次会议上批准通过。

附件 I

湄委会信息系统设计与实施小组的职权范围

背景

为实现"湄公河流域的经济繁荣、社会公平和环境优良"目标，湄委会将致力于为湄公河各沿岸国实现湄公河流域水及相关资源的可持续利用服务。实现这一宏伟目标最关键的一点是为相关伙伴提供有意义的信息。2000 年 7 月，湄委会秘书处开始着手准备开发湄委会信息系统。该系统力图为湄委会及其成员国的项目与计划提供数据和信息服务，通过该系统的开发，湄委会秘书处力图作为一个通过信息网络连接所有合作伙伴的地区性信息中心而发挥重要作用，该信息中心将为合作伙伴提供信息服务和产品。开发湄委会信息系统的目标是：

（1）开发一个综合集成数据库；

（2）开发信息和知识模型；

（3）开发为实现数据和信息共享与交流的制度与技术机制；

（4）加强数据和信息管理领域的能力。

为了协调湄委会信息系统的技术开发，将组建一个由湄委会秘书处和国家湄委会代表组成的多学科人员小组，该小组名为"湄委会信息系统设计与实施小组"。

1. 湄委会信息系统设计与实施小组的职责与职能

湄委会信息系统设计与实施小组将作为协调湄委会秘书处和国家湄委会的场所，协调与湄委会信息系统相关的所有事务，并帮助湄委会开发和交流与共享程序相一致的技术指导方针和标准。

湄委会信息系统设计与实施小组将在以下几个方面协助湄委会秘书处工作：

（1）推动湄委会信息系统的设计、开发和实施；

（2）对数据和信息的需求和更新提出优化标准、表达方式和建议；

（3）对数据和信息的格式、分级、数据质量及其他事务提出筛选、起草和建议标准；

（4）筛选、起草和建议技术指导方针；

（5）计划和起草数据及信息传输时间表；

（6）规划数据和信息交流及共享模型；

（7）起草包括数据信息使用者的义务和责任的资料许可证协议；

（8）准备根据数据和信息交流与共享程序之规定，将提交给理事会作为联合委员会的年度报告；

（9）承担联合委员会委派的其他任务。

2. 成员

湄委会信息系统设计与实施小组将由来自每个国家湄委会各2名成员、代表湄委会秘书处技术支持部门和相关规划项目的5名成员共同组成。这些成员应具备以下条件：

（1）拥有数据管理、信息技术、关于数据库和地理信息系统的普遍和适宜的概念方面的广泛知识；

（2）拥有与国家湄委会、直接联系部门和湄委会秘书处良好相处的见解和经验；

（3）拥有对湄委会计划、国家湄委会和直接相关部门有用的良好数据／信息知识；

（4）拥有良好的协调与交流技能；

（5）流利的英语。

湄委会信息系统设计与实施小组成员在经过与每个国家湄委会专门协商并达成协议后，由湄委会秘书处首席执行官正式认命。如果每个国家湄委会在湄委会信息系统设计与实施小组的成员产生变化，应通知湄委会秘书处。

3. 会议

湄委会信息系统设计与实施小组由其成员决定定期召开会议。秘书处技术支持部门主任和技术支持部门的数据库及地理信息系统小组组长将分别作为会议的召集人和秘书。

湄委会秘书处将承担所有成员国参会费用。

4. 会议记录

每次会议的会议记录将发送给每个成员并放置在湄委会秘书处的局域网系统中。

5. 职权范围的修改

湄委会秘书处在与每个国家湄委会秘书或局长进行专门协商并达成协议后，建议联合委员会对湄委会信息系统设计与实施小组的职权范围进行修改。

2002 年 7 月 11 日

参考文献

一、中文参考文献

（一）中文著作、译作

［1］贝里奇.外交理论与实践[M].庞中英,译.北京:北京大学出版社,2005.

［2］陈宜瑜,王毅,李利峰,等.中国流域综合管理战略研究[M].北京:科学出版社,2007.

［3］陈志敏,肖佳灵,赵可金.当代外交学[M].北京:北京大学出版社,2008.

［4］陈志敏.次国家政府与对外事务[M].北京:长征出版社,2001.

［5］冯尚友.水资源持续利用与管理导论[M].北京:科学出版社,2000.

［6］何大明,冯彦,胡金明,等.中国西南国际河流水资源利用与生态保护[M].北京:科学出版社,2007.

［7］何大明,冯彦.国际河流跨境水资源合理利用与协调管理[M].北京:科学出版社,2006.

［8］何大明,汤奇成,等.中国国际河流[M].北京:科学出版社,2000.

［9］何艳梅.中国跨界水资源利用和保护法律问题研究[M].上海:复旦大学出版社,2013.

［10］何艳梅.中国水安全的政策和立法保障[M].北京:法律出版社,2017.

［11］黄仁伟.中国崛起的时间与空间 [M].上海：上海社会科学院出版社，2002.

［12］黄仁伟，等.中国和平发展道路的历史选择 [M].上海：上海人民出版社，2008.

［13］贾琳.国际河流争端解决机制研究 [M].北京：知识产权出版社，2014.

［14］姜文来，唐曲，雷波.水资源管理学导论 [M].北京：化学工业出版社，2005.

［15］柯礼聃.中国水法与水管理 [M].北京：中国水利水电出版社，1998.

［16］李勃.外交学 [M].北京：时事出版社，2014.

［17］李志斐.水与中国周边关系 [M].北京：时事出版社，2015.

［18］流域组织国际网，全球水伙伴，等.跨界河流、湖泊与含水层流域水资源综合管理手册 [M].水利部国际经济技术合作交流中心，译.北京：中国水利水电出版社，2013.

［19］卢光盛.地缘政治视野下的西南周边安全与区域合作研究 [M].北京：人民出版社，2012.

［20］马树洪.东方多瑙河——澜沧江—湄公河流域开发探究 [M].昆明：云南人民出版社，2016.

［21］祁怀高.中国崛起背景下的周边安全与周边外交 [M].北京：中华书局，2014.

［22］盛愉，周岗.现代国际水法概论 [M].北京：法律出版社，1987.

［23］世界水坝委员会报告.水坝与发展：决策的新框架 [M].北京：中国环境科学出版社，2005.

［24］水利部国际经济技术合作交流中心.跨界水合作与发展 [M].北京：社会科学文献出版社，2018.

［25］王建军.全球化背景下大湄公河次区域水能资源开发与合作 [M].昆明：云南民族出版社，2007.

［26］王志坚.国际河流法研究 [M].北京：法律出版社,2012.

［27］王志坚.水霸权、安全秩序与制度构建——国际河流水政治复合体研究 [M].北京：社会科学文献出版社,2015.

［28］徐以骅,等.宗教与当代国际关系 [M].上海：上海人民出版社,2015.

［29］徐以骅,等.宗教与中国国家安全研究 [M].北京：时事出版社,2016.

［30］杨洁勉.大国崛起的理论准备 [M].北京：时事出版社,2014.

［31］张蕴岭,沈铭辉.东亚、亚太区域合作模式与利益博弈 [M].北京：经济管理出版社,2010.

［32］赵可金.外交学原理 [M].上海：上海教育出版社,2011.

［33］赵远良,主父笑飞,编.非传统安全与中国外交新战略 [M].北京：中国社会科学出版社,2011.

［34］中国 21 世纪议程管理中心.国际水资源管理经验及借鉴 [M].北京：社会科学文献出版社,2011.

（二）中文论文

［1］包广将.湄公河安全合作中的信任元素与中国的战略选择 [J].亚非纵横,2014(3).

［2］陈丽晖,曾尊固,何大明.国际河流流域开发中的利益冲突及其关系协调——以澜沧江—湄公河为例 [J].世界地理研究,2003(1).

［3］陈庆秋,陈晓宏.基于社会水循环概念的水资源管理理论探讨 [J].地域研究与开发,2004(3).

［4］弗兰克·加朗.全球水资源危机和中国的"水资源外交" [J].和平与发展,2010(3).

［5］郭延军.大湄公河水资源安全：多层治理及中国的政策选择 [J].外交评论,2011(2).

［6］郭延军,任娜.湄公河下游水资源开发与环境保护——各国政策取

向与流域治理 [J]. 世界经济与政治 , 2013(7).

　　[7] 郭延军 . 权力流散与利益分享——湄公河水电开发新趋势与中国的应对 [J]. 世界经济与政治 , 2014(10).

　　[8] 郭延军 . "一带一路"建设中的中国周边水外交 [J]. 亚太安全与海洋研究 , 2015(2).

　　[9] 郭延军 . "一带一路"建设中的中国澜湄水外交 [J]. 中国—东盟研究 , 2017(2).

　　[10] 李晨阳 , 祝湘辉 . 中国急需加强在缅甸问题上的公共外交 [M]// 柯银斌 , 包茂红 . 中国与东南亚国家公共外交 . 北京 : 新华出版社 , 2012.

　　[11] 李志斐 . 水资源外交：中国周边安全构建新议题 [J]. 学术探索 , 2013(4).

　　[12] 李志斐 . 美国的全球水外交战略探析 [J]. 国际政治研究 , 2018(3).

　　[13] 廖四辉 , 郝钊 , 金海 , 吴浓娣 , 王建平 . 水外交的概念、内涵与作用 [J]. 边界与海洋研究 , 2017, 2(6).

　　[14] 刘博 , 陈霁巍 . 埃塞俄比亚关于尼罗河水外交的实践与启示 [J]. 战略决策研究 , 2018(1).

　　[15] 刘博 , 张长春 , 杨泽川 , 沈可君 . 美国水外交的实践与启示 [J]. 边界与海洋研究 , 2017, 2(6).

　　[16] 刘稚 . 环境政治视角下的大湄公河次区域水资源合作开发 [J]. 广西大学学报 , 2013(5).

　　[17] 卢光盛 , 张励 . 论"一带一路"框架下澜沧江—湄公河"跨界水公共产品"的供给 [J]. 复旦国际关系评论 , 2015(1).

　　[18] 卢光盛 . 中国加入湄公河委员会 , 利弊如何 [J]. 世界知识 , 2012(8).

　　[19] 卢光盛 . 湄公河航道的地缘政治经济学：困境与出路 [J]. 深圳大学学报（人文社会科学版）, 2017(1).

　　[20] 吕星 , 刘兴勇 . 澜沧江—湄公河水资源合作的进展与制度建设 [M]// 刘稚 , 卢光盛 . 澜沧江—湄公河合作发展报告（2017）. 北京 : 社会科学文献出版社 , 2017.

［21］吕星，王科．大湄公河次区域水资源合作开发的现状、问题及对策 [M]// 刘稚，李晨阳，卢光盛．大湄公河次区域合作发展报告（2011—2012）．北京：社会科学文献出版社，2012.

［22］明远．摩泽尔河的运河化 [J]. 世界知识，1964(12).

［23］朴键一，李志斐．水合作管理：澜沧江—湄公河区域关系构建新议题 [J]. 东南亚研究，2013(5).

［24］屠酥，胡德坤．澜湄水资源合作：矛盾与解决路径 [J]. 国际问题研究，2016 (3).

［25］涂亦楠，PLAZA R M. 基于"水外交"视角浅论我国与湄公河流域国家的盐差能开发与合作 [J]. 安全与环境工程，2018, 25(2).

［26］夏朋，郝钊，金海，杨研．国外水外交模式及经验借鉴 [J]. 水利发展研究，2017(11).

［27］肖阳．中国水资源与周边"水外交"——基于国际政治资源的视角 [J]. 国际展望，2018(3).

［28］邢伟．欧盟介入中亚水外交的目的、路径与挑战 [J]. 新疆社会科学，2017(2).

［29］邢伟．欧盟的水外交：以中亚为例 [J]. 俄罗斯东欧中亚研究，2017(3).

［30］王建平，金海，吴浓娣，廖四辉，刘登伟，李发鹏．深入开展水外交合作的思考与对策 [J]. 中国水利，2017(18).

［31］王庆．湄公河及其三角洲 [J]. 世界知识，1963(12).

［32］杨恕，沈晓晨．解决国际河流水资源分配问题的国际法基础 [J]. 兰州大学学报（社会科学版），2009(4).

［33］杨泽川，匡洋，于兴军．大数据时代下的中国水外交 [J]. 水利发展研究，2017(2).

［34］张励，卢光盛．"水外交"视角下的中国和下湄公河国家跨界水资源合作 [J]. 东南亚研究，2015(1).

［35］张励，卢光盛，贝尔德．中国在澜沧江—湄公河跨界水资源合作

中的信任危机与互信建设 [J]. 印度洋经济体研究 , 2016(2).

［36］张励 , 卢光盛 . "开闸放水"后的思考 [J]. 世界知识 , 2016(8).

［37］张励 , 卢光盛 . 从应急补水看澜湄合作机制下的跨境水资源合作 [J]. 国际展望 , 2016(5).

［38］张励 . "一带一路"框架下澜沧江—湄公河跨界水资源合作模式的创新升级 [M]// 刘稚 , 卢光盛 . 大湄公河次区域合作发展报告（2015）. 北京：社会科学文献出版社 , 2015.

［39］张励 . 水外交：中国与湄公河国家跨界水合作及战略布局 [J]. 国际关系研究 , 2014(4).

［40］张励 . 老挝溃坝事件与美国"以河之名"[J]. 世界知识 , 2018(17).

［41］张林若 , 陈霁巍 , 谷丽雅 , 侯小虎 . 水外交框架在解决跨界水争端中的应用 [J]. 边界与海洋研究 , 2018, 3(5).

［42］张瑞金 , 张欣 , 樊彦芳 , 杨泽川 . "一带一路"背景下中国周边水外交战略思考 [J]. 边界与海洋研究 , 2017, 2(6).

［43］张晓京 , 邱秋 . 跨界地下水国际立法的发展趋势及对我国的启示 [J]. 河海大学学报（哲学社会科学版）, 2012, 14(1).

［44］郑江涛 . 澜沧江干流水电开发在云南经济发展中的作用 [J]. 云南水力发电 , 2004(5).

［45］竹珊 . 尼日尔河三角洲 [J]. 世界知识 , 1964(19).

二、英文参考文献

（一）英文著作

[1] ASHCRAFT C M, MAYER T. The Politics of Fresh Water: Access, Conflict and Identity[M]. NewYork: Routledge, 2016.

[2] BLACK E R. The Mekong River: A Challenge in Peaceful Development for Southeast Asia[M]. New York: National Strategy Information Center, 1970.

[3] BLAKE D J H, ROBINS L. Water Governance Dynamics in the Mekong

Region[M]. Malaysia: Strategic Information and Research Development Center, 2016.

[4] BOER B, HIRSCH P, JOHNS F, et al. The Mekong: A Socio-legal Approach to River Basin Development[M]. New York: Routledge, 2016.

[5] CAMPBELL I C. The Mekong: Biophysical Environment of an International River Basin[M]. New York: Academic Press, 2009.

[6] ELHANCE A P. Hydropolitics in the Third World: Conflict and Cooperation in International River Basins[M]. Washington, D.C.: United States Institute of Peace Press, 1999.

[7] GHASSEMI F, WHITE I. Inter-basin Water Transfer: Case Studies from Australia, United States, Canada, China and India[M]. Cambridge: Cambridge University Press, 2007.

[8] GOH E. Developing the Mekong: Regionalism and Regional Security in China-Southeast Asian Relations[M]. London: Routledge, 2007.

[9] HALEPOTO Z. Water Diplomacy: Transboundary Conflict, Negotiation and Cooperation in South Asia[R]. Karachi: HANDS, 2016.

[10] HIRSCH P, WARREN C. The Politics of Environment in Southeast Asia: Resources and Resistance[M]. London: Routledge, 1998.

[11] ISLAM S, MADANI K. Water Diplomacy in Action: Contingent Approaches to Managing Complex Water Problems[M]. London and New York: Anthem Press, 2017.

[12] ISLAM S, SUSSKIND L E. Water Diplomacy: A Negotiated Approach to Managing Complex Water Networks[M]. New York: RFF Press, 2013.

[13] LAZARUS K, BADENOCH N, DAO N, et al. Water Rights and Social Justice in the Mekong Region[M]. London: Earthscan, 2011.

[14] LEIGHT N. CPD Perspectives on Public Diplomacy: Cases in Water Diplomacy[M]. Los Angeles: Figueroa Press, 2013.

[15] LORRAIN D, POUPEAU F. Water Regimes: Beyond the Public and

Private Sector Debate[M]. New York: Routledge, 2016.

[16] MOLLE F, FORAN T, KAKONEN M. Contested Waterscapes in the Mekong Region: Hydropower, Livelihoods and Governance[M]. London: Earthscan, 2009.

[17] NADEAU R. The Water War[M]. New York: American Heritage Publishing Company, 1961.

[18] NAZEM N I, KABIR M H. Indo-Bangladeshi Common Rivers and Water Diplomacy[M]. Dhaka: Bangladesh Institute of International and Strategic Studies, 1986.

[19] ÖJENDAL J, HANSSON S, HELLBERG S. Politics and Development in a Transboundary Watershed: The Case of the Lower Mekong Basin[M]. Dordrecht: Springer, 2012.

[20] OSBORNE M. The Mekong: Turbulent Past, Uncertain Future[M]. New York: Grove Press, 2000.

[21] PANGARE G. Hydro Diplomacy: Sharing Water Across Borders[M]. New Delhi: Academic Foundation, 2014.

[22] SHARP P. Diplomatic Theory of International Relations[M]. Cambridge: Cambridge University Press, 2009.

[23] TILT B. Dams and Development in China: The Moral Economy of Water and Power[M]. New York: Columbia University Press, 2014.

[24] WATERBURY J. Hydropolitics of the Nile Valley[M]. Syracuse: Syracuse University Press, 1979.

[25] XIE L, JIA S F. China's International Transboundary Rivers[M]. New York: Routledge, 2018.

[26] ZHANG H Z, LI M J. China and Transboundary Water Politics in Asia[M]. New York: Routledge, 2018.

（二）英文论文

[1] BARUA A. Water Diplomacy as an Approach to Regional Cooperation in South Asia: A Case from the Brahmaputra Basin[J]. Journal of Hydrology, 2018, 567.

[2] CARMI N, ALSAYEGH M, ZOUBI M. Empowering Women in Water Diplomacy: A Basic Mapping of the Challenges in Palestine, Lebanon and Jordan[J]. Journal of Hydrology, 2019, 569.

[3] CHANG F K. The Lower Mekong Initiative & U.S. Foreign Policy in Southeast Asia: Energy, Environment & Power[J]. Orbis, 2013, 57(2).

[4] COOPER M H. Global Water Shortages: Will the Earth Run Out of Freshwater? [J]. Congressional Quarterly Researcher, 1995, 5(47).

[5] COOPER R. The Potential of MRC to Pursue IWRM in the Mekong: Trade-offs and Public Participation[M]//ÖJENDAL J, HANSSON S, HELLBERG S. Politics and Development in a Transboundary Watershed: The Case of the Lower Mekong Basin. Dordrecht: Springer, 2012.

[6] DAOUDY M. Syria and Turkey in Water Diplomacy (1962–2003) [M]//ZEREINI F, JAESCHKE W. Water in the Middle East and in North Africa: Resources, Protection and Management. Berlin: Springer, 2004.

[7] EAGLETON C. International Rivers[J]. American Journal of International Law, 1954, 48(2).

[8] FEUILHERADE P. Water: Liquid Diplomacy[J]. Middle East, 1994.

[9] GELY J. Blue Diplomacy: Fostering Sustainable and Equitable Growth[M]// PANGARE G. Hydro Diplomacy: Sharing Water across Borders. New Delhi: Academic Foundation, 2014.

[10] GRECH-MADIN C, DÖRING S, KIM K. Negotiating Water across Levels: A Peace and Conflict "Toolbox" for Water Diplomacy[J]. Journal of Hydrology, 2018, 559.

[11] HENSENGERTH O. Transboundary River Cooperation and the

Regional Public Good: The Case of the Mekong River[J]. Contemporary Southeast Asia: A Journal of International and Strategic Affairs, 2009, 31(2).

[12] HIRSCH P. IWRM as a Participatory Governance Framework for the Mekong River Basin[M]//ÖJENDAL J, HANSSON S, HELLBERG S. Politics and Development in a Transboundary Watershed: The Case of the Lower Mekong Basin. Dordrecht: Springer, 2012.

[13] HO S. River Politics: China's Policies in the Mekong and the Brahmaputra in Comparative Perspective[J]. Journal of Contemporary China, 2014, 23(85).

[14] HONKONEN T, LIPPONEN A. Finland's Cooperation in Managing Transboundary Waters and the UNECE Principles for Effective Joint Bodies: Value for Water Diplomacy?[J]. Journal of Hydrology, 2018, 567.

[15] INGERSOLL J. Mekong River Basin Development: Anthropology in A New Setting[J]. Anthropological Quarterly, 1968, 41(3).

[16] ISLAM S, REPELLA A C. Water Diplomacy: A Negotiated Approach to Manage Complex Water Problems[J]. Journal of Contemporary Water Research & Education, 2015, 155(1).

[17] IYER R R. Hydro-diplomacy for Hydro-harmony[M]//PANGARE G. Hydro Diplomacy: Sharing Water across Borders. New Delhi: Academic Foundation, 2014.

[18] KARAEV Z. Water Diplomacy in Central Asia[J]. Middle East Review of International Affairs, 2005, 9(1).

[19] KESKINEN M, INKINEN A, HAKANEN U, et al. Water Diplomacy: Bringing Diplomacy into Water Cooperation and Water into Diplomacy[M]// PANGARE G. Hydro Diplomacy: Sharing Water across Borders. New Delhi: Academic Foundation, 2014.

[20] KIBAROGLU A. An Analysis of Turkey's Water Diplomacy and Its Evolving Position vis-à-vis International Water Law[J]. Water International, 2015, 40(1).

[21] KITTIKHOUN A, STAUBLI D M. Water Diplomacy and Conflict Management in the Mekong: From Rivalries to Cooperation[J]. Journal of Hydrology, 2018, 567.

[22] LEPAWSKY A. International Development of River Resources[J]. International Affairs, 1963, 39(4).

[23] LZA A. Hydro-Diplomacy: The Political, Normative and Institutional Dimensions[M]//PANGARE G. Hydro Diplomacy: Sharing Water across Borders. New Delhi: Academic Foundation, 2014.

[24] MACFARLANE D. Watershed Decisions: the St. Lawrence Seaway and Sub-national Water Diplomacy[J]. Canadian Foreign Policy Journal, 2015, 21(3).

[25] MANATUNGE J, et al. Inland Navigation in the Mekong: Issues and Prospects for Sustainability[J]. 地球環境シンポジウム講演集, 1997, 5.

[26] MATTHEWS N, MOTTA S. China's Influence on Hydropower Development in the Lancang River and Lower Mekong River Basin[J]. State of Knowledge, 2013, 4.

[27] MENON P K. Financing the Lower Mekong River Basin Development[J]. Pacific Affairs, 1971, 44(4).

[28] MIDDLETON C, ALLOUCHE J. Watershed or Powershed? Critical Hydropolitics, China and the "Lancang-Mekong Cooperation Framework"[J]. The International Spectator, 2016, 51(3).

[29] MINTO-COY I D. Water Diplomacy: Effecting Bilateral Partnerships for the Exploration and Mobilization of Water for Development[M]//UNESCO. Integrated Water Resources Management and the Challenges of Sustainable Development: IHP-VII Series on Groundwater No.4. Paris: UNESCO, 2012.

[30] OGDEN D M. Political and Administrative Strategy of Future River Basin Development: The National View[J]. Political Research Quarterly, 1962, 15(3).

[31] ORBELL J M, WILSON L A. The Governance of Rivers[J]. Western

Political Quarterly, 1979, 32(3).

[32] PANGARE G, NISHAT B. Perspectives on Hydro-Diplomacy[M]// PANGARE G. Hydro Diplomacy: Sharing Water across Borders. New Delhi: Academic Foundation, 2014.

[33] READ L, GARCIA M. Water Diplomacy: Perspectives from a Group of Interdisciplinary Graduate Students[J]. Journal of Contemporary Water Research and Education, 2015, 155(1).

[34] SCHMEIER S, SHUBBER Z. Anchoring Water Diplomacy—The Legal Nature of International River Basin Organizations[J]. Journal of Hydrology, 2018, 567.

[35] SPECTOR B. Motivating Water Diplomacy: Finding the Situational Incentives to Negotiate[J]. International Negotiation, 2000, 5(2).

[36] SPRING Ú O. Hydro-Diplomacy: Opportunities for Learning from an Interregional Process[M]//LIPCHIN C, PALLANT E, SARANGA D. Integrated Water Resources Management and Security in the Middle East. Dordrecht: Springer, 2007.

[37] SUBEDI S. Hydro-Diplomacy in South Asia: The Conclusion of the Mahakali and Ganges River Treaties[J]. American Journal of International Law, 1999, 93(4).

[38] SUSSKIND L, ISLAM S. Water Diplomacy: Creating Value and Building Trust in Transboundary Water Negotiations[J]. Science & Diplomacy, 2012, 1(3).

[39] TURTON A. Hydropolitics: The Concept and Its Limitations[M]// TURTON A, HENWOOD R. Hydropolitics in the Developing World: A Southern African Perspective. Pretoria: African Water Issues Research Unit, 2002.

[40] URBAN F, NORDENSVÄRD J, KHATRI D. An Analysis of China's Investment in the Hydropower Sector in the Greater Mekong Sub-Region[J]. Environment, Development and Sustainability, 2013, 15(2).

[41] VAN LIERE W J. Traditional Water Management in the Lower Mekong

Basin[J]. World Archaeology, 1980, 11(3).

[42] VAN REES C, REED J M. Water Diplomacy from a Duck's Perspective: Wildlife as Stakeholders in Water Management[J]. Journal of Contemporary Water Research & Education, 2015, 155(1).

[43] WHEELER V M. Co-Operation for Development in the Lower Mekong Basin[J]. American Journal of International Law, 1970, 64(3).

[44] WHITE G F. The Mekong River Plan[J]. Ekistics, 1963, 16(96).

[45] WILLIAMS P A. Turkey's Water Diplomacy: A Theoretical Discussion[M]// KRAMER A, SCHEUMANN W, KRAMER A. Turkey's Water Policy: National Frameworks and International Cooperation. Berlin: Springer, 2011.

[46] YASUDA Y, HILL D, AICH D, et al. Multi-track Water Diplomacy: Current and Potential Future Cooperation over the Brahmaputra River Basin[J]. Water International, 2018, 43(5).

[47] YEOPHANTONG P. China's Lancang Dam Cascade and Transnational Activism in the Mekong Region: Who's Got the Power?[J]. Asian Survey, 2014, 54(4).

[48] ZANDVOORT M, VAN DER VLIST M J, VAN DEN BRINK A. Handling Uncertainty through Adaptiveness in Planning Approaches: Comparing Adaptive Delta Management and the Water Diplomacy Framework[J]. Journal of Environmental Policy & Planning, 2018, 20(2).

[49] ZARGHAMI M, SAFARI N, SZIDAROVSZKY F, et al. Nonlinear Interval Parameter Programming Combined with Cooperative Games: A Tool for Addressing Uncertainty in Water Allocation Using Water Diplomacy Framework[J]. Water Resources Management, 2015, 29(12).

（三）英文报告

[1] Aus AID. Australia Mekong-Non-Government Organization Engagement

Platform[R]. 2012.

[2] COCKLIN C, HAIN M. Evaluation of the EIA for the Proposed Upper Mekong Navigation Improvement Project[R]. Monash Environmental Institute, Monash University, Australia, 2001.

[3] EYLER B. China Needs to Change Its Energy Strategy in the Mekong Region[R]//HILTON I. The Uncertain Future of the Mekong River, 2014.

[4] HEFNY M A. Water Diplomacy: A Tool for Enhancing Water Peace and Sustainability in the Arab Region[R]. Second Arab Water Forum Theme 3: Sustainable and Fair Solutions for the Trans-boundary Rivers and Groundwater Aquifers, Cairo, 2011.

[5] HIRSCH P. Laos Mutes Opposition to Controversial Mekong Dam[R]// HILTON I. The Uncertain Future of the Mekong River, 2014.

[6] HUNTJENS P, YASUDA Y, SWAIN A, et al. The Multi-track Water Diplomacy Framework: A Legal and Political Economy Analysis for Advancing Cooperation over Shared Waters[R]. The Hague Institute for Global Justice, 2016.

[7] LE-HUU T, NGUYEN-DUC L, ANUKULARMPHAI A. Mekong Case Study[R]. UNESCO, 2003.

[8] MAGEE D. China Fails to Build Trust with Mekong Neighbours [R]// HILTON I. The Uncertain Future of the Mekong River, 2014.

[9] MEISSNER R. Water as A Source of Political Conflict and Cooperation: A Comparative Analysis of the Situation in the Middle East and Southern Africa[R]. Department of Political Studies, Rand Afrikaans University, Johannesburg, South Africa,1998.

[10] Mekong River Commission and Ministry of Water Resources of the People's Republic of China. Technical Report-Joint Observation and Evaluation of the Emergency Water Supplement from China to the Mekong River[R]. 2016.

[11] Mekong River Commission. Strategic Plan 2016-2020[R].

[12] MINH L Q. Environmental Governance: A Mekong Delta Case Study

with Downstream Perspectives[R]. World Resources Institute, 2001.

[13] POHL B, CARIUS A, CONCA K, et al. The Rise of Hydro-diplomacy: Strengthening Foreign Policy for Transboundary Waters[R]. Adelph, 2014.

[14] SUNCHINDAH A. Water Diplomacy in the Lancang-Mekong River Basin: Prospects and Challenges[R]. Workshop on the Growing Integration of Greater Mekong Sub-regional ASEAN States in Asian Region, Yangon, Myanmar, 2005.

[15] VAN GENDEREN R, ROOD J. Water Diplomacy: A Niche for the Netherlands?[R]. Netherlands Ministry of Foreign Affairs and the Water Governance Center, 2011.

[16] WIRSINGR G, JASPARRO C. Spotlight on Indus River Diplomacy: India, Pakistan, and the Baglihar Dam Dispute[R]. Asia-Pacific Center for Security Studies, 2006.

近年相关研究成果

一、论文类（部分）

1. "Regionalization or Internationalization? Different Types of Water Multilateralism by China and the United States in the Mekong Subregion," Asia Policy, Vol. 29, No.2, 2022，唯一作者。

2. "Water Diplomacy and China's Bid for Soft Power in the Mekong," The China Review, Vol.21, No.4, 2021，第一作者。

3. "Trust Crisis and Building Trust in Transboundary Water Cooperation Along the Lancang-Mekong River," in Mart A. Stewart and Peter A. Coclanis eds., Water and Power: Environmental Governance and Strategies for Sustainability in the Lower Mekong Basin, Springer, 2019（被收入施普林格出版社 Advances in Global Change Research 系列丛书），唯一作者。

4.《小国水外交理论与湄公河国家在中美博弈背景下的战略选择》，《当代亚太》2022 年第 5 期，第一作者。

5.《拜登政府"湄公河水外交"：战略意图、政策调整与发展趋势》，《美国问题研究》2022 年第 1 期，唯一作者。

6.《气候治理与水外交的内在共质、作用机理和互动模式——以中国水外交在湄公河流域的实践为例》，《复旦国际关系评论》2021 年第 2 期，唯一作者。

7.《韩国水外交的战略目标、实践路径与模式分析——以 2011—2019

年湄公河地区为例》，《韩国研究论丛》2020 年第 1 期，唯一作者。

8.《新冠疫情下美国掀湄公河水舆情风云》，《世界知识》2020 年第 12 期（被中国评论新闻网转载），唯一作者。

9.《水资源与澜湄国家命运共同体》，《国际展望》2019 年第 4 期（被中国社会科学网转载），唯一作者。

10.《美国"湄公河手牌"几时休》，《世界知识》2019 年第 17 期，唯一作者。

11.《老挝溃坝事件与澜湄国家命运共同体构建中"以河之名"的新挑战》，载刘稚、卢光盛主编《澜沧江—湄公河合作发展报告（2018）》，社会科学文献出版社 2018 年版，唯一作者。

12.《老挝溃坝事件与美国"以河之名"》，《世界知识》2018 年第 17 期，唯一作者。

13.《澜湄合作机制：升级澜湄流域地缘政治经济架构的新通道》，《世界知识》2017 年第 3 期，第二作者。

14.《从应急补水看澜湄合作机制下的跨境水资源合作》，《国际展望》2016 年第 5 期（被《中国社会科学文摘》全文转载），第一作者。

15.《澜沧江—湄公河合作机制与跨境安全治理》，《南洋问题研究》2016 年第 3 期，第二作者。

16.《中国在澜沧江—湄公河跨界水资源合作中的信任危机与互信建设》，《印度洋经济体研究》2016 年第 2 期（被政治与国际关系公共媒体转载），第一作者。

17.《"开闸放水"后的思考》，《世界知识》2016 年第 8 期（被政治与国际关系公共媒体转载），第一作者。

18.《论"一带一路"框架下澜沧江—湄公河"跨界水公共产品"的供给》，《复旦国际关系评论》2015 年第 1 期，第二作者。

19.《"一带一路"框架下澜沧江—湄公河跨界水资源合作模式的创新升级》，载刘稚、卢光盛主编《大湄公河次区域合作发展报告（2015）》，社会科学文献出版社 2015 年版，唯一作者。

20.《"水外交"视角下的中国和下湄公河国家跨界水资源合作》,《东南亚研究》2015 年第 1 期（被《中国社会科学文摘》2015 年第 7 期论点摘要转载；被国务院发展研究中心中国智库网全文转载；入选 CNKI "中文精品哲社学术期刊外文版数字出版工程"，被译为英文并制作成电子期刊在全球范围内出版发行；入选 CNKI 中英文学术新闻，以中英文学术新闻发行），第一作者。

21.《水外交：中国与湄公河国家跨界水合作及战略布局》,《国际关系研究》2014 年第 4 期（约稿），唯一作者。

22.《中国对大湄公河次区域投资贸易的环境影响与能力建设》，载刘稚、卢光盛主编《大湄公河次区域合作发展报告（2012—2013）》，社会科学文献出版社 2013 年版，第二作者。

二、主持课题类（部分）

1. 国家社会科学基金青年项目"澜湄国家命运共同体构建视域下的水冲突新态势与中国方略研究"。

2. 中国博士后科学基金第 12 批特别资助项目"中国水外交的历史演进、理论构建与当代实践研究"。

3. 中国博士后科学基金第 65 批面上资助项目"国际社会对澜湄合作机制的意图认知与中国经略之策研究"。

4. 云南省哲学社会科学研究基地项目"澜湄合作机制下联合护航的升级发展路径与云南作用研究"。

5. 云南省教育厅科学研究基金项目"云南在打造大湄公河次区域经济合作新高地背景下参与湄公河水运通道安全机制建设的地位与作用研究"。

6. 日本笹川基金一般项目"水外交视角下中国与下湄公河国家跨界水资源争端与解决路径研究"。

三、参与课题类（部分）

1. 国家社科基金重大项目"'一带一路'与澜湄国家命运共同体构建

研究"。

2. 国家社科基金重点项目"中国与周边国家水资源合作开发机制研究"。

3. 国家社科基金一般项目"中国参与大湄公河次区域合作中的环境政治问题研究"。

4. 中联部当代世界研究中心的"一带一路"国际智库合作联盟 2018 年度课题项目"以澜湄合作机制推动构建澜湄国家命运共同体研究"。

5. 云南省哲学社会科学研究基地课题项目"中国与湄公河流域国家跨界水资源开发合作风险与对策研究"。

四、时评与媒体采访（部分）

1. "How Did False Data Turn the Mekong River into an 'Issue'?" The Jakarta Post, April 28, 2022, sec.7.

2.《在"赤字时代"逆势上扬！澜湄六国为世界打造合作样板》，中央广播电视总台南海之声，2022 年 7 月 10 日（被中国澳门《莲花时报》、印度尼西亚《国际日报》、柬埔寨《柬华日报》、泰国《星暹日报》等转载）。

3.《美国又拿大坝做文章！专家：这是对澜湄流域所有国家的伤害》，中央广播电视总台南海之声，2022 年 4 月 2 日。

4.《独家披露：美这样借湄公河水对付中国》，《环球时报》2022 年 4 月 7 日，第 7 版（被水利部澜湄水资源合作中心官网、环球网等转载）。

5. "Brewing Water Conflict," Global Times, March 29, 2022, sec.12-13.

6.《因相印而向荣，新历史机遇下的澜湄合作发展》，环球网，2022 年 3 月 23 日（被外交部澜沧江—湄公河合作中国秘书处官网、水利部澜湄水资源合作中心官网转载）。

7.《大打"水舆论战"暗藏美国怎样的战略图谋？》，东方卫视"今晚·焦点对话"，2022 年 3 月 3 日。

8.《张励：青年交流为澜湄合作注入动力、定力与耐力》，学习强国 APP，2021 年 4 月 23 日。

9.《美借湄公河打对华"水舆论战"》，《环球时报》2020年9月15日，第7版（被环球网等全文转载）。

10.《美再操弄湄公河水资源议题》，《环球时报》2020年9月16日，第3版（被人民日报海外网、环球网、新浪网、搜狐网等转载）。

11. "US How of Fiction," Global Times, September 16, 2020.

12. "US Smear Campaign Against Mekong River Dams Riddled with Loopholes," Global Times, September 16, 2020.

13. "US Attempts to Turn Mekong into Another Anti-China Battlefield Like S. China Sea," Global Times, September 15, 2020.

14. "US-backed Institutions' Hyping China's 'Dams Threat' in Mekong River Riddled with Loopholes: Expert," Global Times, September 11, 2020.

15.《对话张励老师：澜湄水资源合作与水外交》，《东南亚观察》总第14期，2019年11月。

16.《湄公河水资源合作：沿线国家的共同选择》，《中国—东盟博览》，2017年7月。

17.《澜湄合作：跋山涉"水"为你而来》，《中国—东盟博览》，2017年11月（被外交部澜沧江—湄公河合作中国秘书处官网全文转载）。

后 记

上善若水。水善利万物而不争，处众人之所恶，故几于道。居善地，心善渊，与善仁，言善信，正善治，事善能，动善时。夫唯不争，故无尤。

——《道德经》

2012年的夏天来临之前，我学会了游泳。当教练让刚学会游泳的我绕着泳池不停歇地游两圈时，我心中默念"不可能"。而教练却手持一根竹竿，耐心地陪着我，直至到达终点。我已记不清从何时起，养成了每次下水便不停歇地游2000米直接上岸的习惯。近几年，如无特殊情况，我每周都会去游三四次泳，一次2000米。此刻的我，刚刚完成今天的"游泳份额"，坐在写字台前酝酿着这篇后记。

恰恰也是2012年，我机缘巧合地正式开始从事水外交理论与实践研究（之前亦有从传统角度研究东南亚与南亚水议题），然后便一直与水结缘。起初，我进行传统的跨界水资源争端案例研究，对水利设施、水航道等各种案例捋清脉络，追根溯源，乐不可支，像侦探一样寻求真相。经过一段时间的研究，我常常回想起2010年湄公河干旱（当年云南也面临严重干旱，全省发出干旱预警并要求市民节约用水）与2011年湄公河"10·5"惨案，以及那种当时身处云南"第一线"带来的冲击感。于是，我开始思考有没有一种长期且有针对性的处理跨界水资源争端的外交策略，是否可称其为"水外交"？但当时的我并不确定是否有这样一个专有词汇。如果没有，那么作为一名刚迈入博士生阶段的学生来说，即便努力研究、构建与证实，又会在多大程度上得到接受和认可呢？时至今日，我依稀记得当初的那种兴奋与担忧夹杂的感觉。即便如此，心有不甘的我还是踏上了"水外交研究之路"。后来，我欣喜地发现，联合国于2011年开始呼吁推进水外交，个别国家已开始响应。总体而言，国际学界在2011年至2013年的相关研究成果甚少，国内学界处于真空期，全球有关水外交的研究与实践都处于起步阶段。当时，我的兴奋之情难以言表：一是因为自己设想的水外交竟然在现实中存在，且某些构想与联合国的倡导初衷不谋而合；二是因为水外交理论与实践尚未清晰的研究现状令人跃跃欲试，想进行一场自我挑战。于是，我在2013年完成了《水外交：中国与湄公河国家跨界水合作及战略布局》一文。该文入选了2014年中国国际关系学会第九届博士生论坛并得以被宣读，也因此受到当时在场知名专家的宝贵点评，并被期刊约稿。十分感谢当时各位专家、老师和编辑部主任对一位年轻博士生的肯定与鼓励，这对我来说具有莫大的意义。

此后，我更为深入地开展研究。一方面，试图去了解和构建水外交理论（当时内心还有另外一个小小的愿望——在构建水外交理论的基础上再探寻中国水外交，但即便仅是前一个议题，对当时的我来说已是一个未知的巨大挑战）；另一方面，更为深入地研究具体的跨界水资源合作案例，并把湄公河作为其中一个重要内容。由于当时身处云南，地理上的优势使得我能及时获知大量湄公河的相关信息。此外，我利用去泰国、柬埔寨、缅甸等湄公河国家参会的机会，考察湄公河沿岸港口、支流和洞里萨湖等。通过了解水上和沿岸居民的生活情况，我充分认识到"纸上得来终觉浅"的道理，同时产生了一种强烈的研究应促进改善现实的使命感。之后，我陆续参加了一些国际研究机构或者国际智库召开的有关湄公河水资源议题的会议。在会场上与来自各国尤其是部分西方国家或流域国代表"唇枪舌剑"的经历，令我感受颇深。我在力所能及的范围内起到过一点增信释疑的作用，乃至最终交到一些朋友。

2015—2016年，受国家留学基金委资助，我有幸到美国威斯康星大学

麦迪逊分校东南亚研究中心进行联合培养，师从伊恩·贝尔德（Ian Baird）
教授。贝尔德教授长期研究湄公河地区，又有在该地区非政府组织工作的
丰富经验，且具有从湄公河国家角度出发进行研究的整体视域。这正是我
所希望请教和学习之处。同时，时任美国威斯康星大学麦迪逊分校东南亚
研究中心副主任的迈克尔·库里南（Michael Cullinane）教授、时任科研
秘书的玛丽·乔·威尔逊（Mary Joe Wilson）女士等也让我体验了不同的
东南亚研究与治学路径。

　　2012 年至今，我曾多次前往澜沧江—湄公河流域的大坝与港口进行田
野考察，也是"趣味"横生。其中一次是我与新加坡南洋理工大学张宏洲
助理教授去考察景洪港、关累港和思茅港。当时已近夏天，我们包了车让
司机每天拉着去各个港口考察。然而，去那些港口的路并不好走，又经常
有缉毒警察在路边临时设站检查，一天花在来回路上的时间颇长。因此，
包车司机屡屡抱怨。在那些荒无人烟的港口，当司机看到我们欣喜若狂地
下车，顶着烈日或者淋着雨转悠几个小时，会非常不解。通过这些田野考察，
我对自己的研究有了更多感性的认识。

　　2018—2020 年于复旦大学做博士后研究期间，在博士后合作导师徐以
骅教授的鼓励与支持下，我又得以进一步深化与创新水外交的基础理论。
我开始探寻水外交与气候治理、国际水法、宗教的内在机理、逻辑关联和
融合边界，乃至水外交的"超越性"等理论议题，从而进一步完善水外交
理论，并使其在促进水合作与解决水冲突时更为有效和有针对性。此外，
我在此前广泛研究美国、日本、韩国、澳大利亚等域外国家的"湄公河水
外交"的基础上，更为细致地探寻美国水外交、韩国水外交的行为模式、
战略动向与地缘影响。2018 年至今（特朗普政府与拜登政府时期），中美
关系日益紧张。在美国对中国大打"湄公河手牌"与"水舆论战"的背景下，
我对美国的"湄公河水外交"的变化进行持续跟踪与深入探究，相继发表
了《老挝溃坝事件与美国"以河之名"》（《世界知识》2018 年第 17 期）、
《美国"湄公河手牌"几时休》（《世界知识》2019 年第 17 期）、《新冠
疫情下美国掀湄公河水舆情风云》（《世界知识》2020 年第 12 期）、《美

借湄公河打对华"水舆论战"》（《环球时报》2020年9月15日，第7版），并有幸参与了一些与此议题相关的国内外会议。

这样的故事还有许多。不知从何时起，我对水外交、湄公河乃至其他跨界水资源合作有了一种"跋山涉'水'为你而来"的感觉，并且"到与研究相关之处总是心怀兴奋"。在此，我要感谢《中国—东盟博览》杂志的记者刘一颖女士，她的两次采访让我有机会去细细感受研究的心境而非研究对象本身。

以上是我研究水外交理论与湄公河案例的一些经历和感悟，并由此萌生了写作本书的想法。本书以我2017年3月完成的博士论文为基础，并于2019年进行修改、补充。2017—2019年，恰逢水外交理论研究的飞速发展时期，国内外学界涌现出相较以往更多的研究成果。与此同时，中国与湄公河国家的跨界水资源合作也是突飞猛进，水资源冲突的新态势、新问题亦频频出现。从水外交的研究角度来看，这是"最好的时代"也是"最坏的时代"。"好"的是看到了有更多的同行一起研究水外交，没有了原先那种孤单前行的感觉，且中国与湄公河国家的水合作也取得了史无前例的成绩；"坏"的是对全球水危机日益严峻和区域水冲突新态势层出不穷的担忧。

在本书即将付梓之际，感谢我的博士生导师——云南大学国际关系研究院·区域国别研究院院长卢光盛教授。他在治学上的认真、勤奋，对待生活的热情、积极，对学生的关心、耐心，以及独有的幽默感，成为我从云南大学硕士毕业进而求学香港中文大学后再次回云大读博的重要原因。在我读博士阶段，卢老师虽然工作更为忙碌，仍对我悉心调教。他的言传身教对我产生了重大而深远的影响，成为我不断砥砺前行的动力。同时，他也对我在云南大学的学习与工作、博士论文写作以及本书的出版给予了莫大的帮助与指导。

感谢我的博士后合作导师——复旦大学国际关系与公共事务学院学术委员会主任徐以骅教授。他博学而谦逊，细心而不失幽默，有着中西合璧的求学经历与跨学科的多重视角，对我在专业上有莫大的启发与帮助。我更要感谢徐老师对我的水外交与东南亚研究议题的大力支持与帮助。他不但鼓励我主办"水安全与水外交"系列学术研讨会，还资助我出版"水治理与国际关系研究论丛"。此外，他在学术研究与政策研究上更是对我耳提面命，强调要塑造"一锤定音"的能力。我在博士后学习期间取得的一点微薄成绩，全都离不开徐老师的指导。更为难得的是，身兼数职的他无论怎样忙碌，都一定亲自带学生们做调研、长真知。在生活上，他更是心细如丝，对学生照顾有加。

感谢工作单位的领导——复旦大学一带一路及全球治理研究院常务副院长黄仁伟教授、副院长丁纯教授、副院长罗倩老师对我深入研究水外交理论和全球水治理的鼎力支持和热情帮助。他们在学术、咨政、实践和工作中的细心点拨与耐心指导，每每醍醐灌顶、发人深省，令我茅塞顿开、受益良多。

我要对我的博士论文答辩委员贺圣达研究员、肖宪教授、刘稚研究员、李晨阳研究员与何跃教授，以及三位匿名评审专家提出的宝贵建议、肯定与鼓励，致以最诚挚的谢意。在四季有美景的云大东陆园里，我还遇到了知识渊博、治学认真的老师们。刘稚研究员、吕星副教授在我的专业学习上给予了莫大的关心与支持；吴磊教授、李晨阳研究员、毕世鸿教授、孔建勋研究员、邹春萌研究员、祝湘辉研究员、李涛研究员、罗圣荣研究员等学院与东南亚研究所的老师们也给予了我莫大的指导。

同时还要感谢香港中文大学的贺喜教授，感谢她在我在港求学期间给予的指导和读博期间给予的鼓励。我读博期间曾有一个愿望，那就是取得和贺老师读博时一样的成就。虽然我取得了一些成果，但未能如愿，为此甚为遗憾。感谢美国威斯康星大学麦迪逊分校东南亚研究中心的伊恩·贝尔德教授、迈克尔·库里南教授、玛丽·乔·威尔逊女士，感谢他们在我留美期间给予的学习与生活上的帮助，让我体验到了截然不同的生活与人生态度。

此外，感谢复旦大学的诸位老师、同门小伙伴，以及在工作、会议与生活中结识的前辈、老师、朋友，谢谢你们对我的无私帮助和支持，你们是我生命中多彩且不可或缺的一部分。

最后，感谢世界知识出版社原总编辑章少红先生在百忙之中对本书出版的关心。感谢世界知识出版社的编辑余岚女士、刘喆女士为本书出版提出的宝贵建议与付出的辛勤努力，她们的专业与细致为拙作添彩。

家人是人生中最紧密的一部分。感谢我的外公、外婆、爷爷、奶奶一直以来的包容、关爱与指导。他们的"润物细无声"，是对我最大的也是人生最美的爱的表达，更是我持续不断努力的动力。感谢我的父母，我将用我的下半生来报答他们对我的关心和支持。如果可以，我想把这本书献给我的外公励睿经先生和外婆李秀清女士。

水外交是新兴的理论，撰写本书可借鉴的前期成果十分有限，而湄公河跨界水议题又涉及多学科领域，正如前文所述，该主题对我来说无疑是一个巨大的挑战。由于本人研究和知识水平有限，本书的不足、缺失乃至错误之处一定为数不少，祈望专家和读者不吝赐教。

水如生活，而生活亦如水。

张 励

2019 年 4 月 18 日夜于复旦大学教师公寓完成初稿

2021 年 10 月 27 日夜于复旦大学智库楼修改